ロードバイク メンテナンスブック SHIMANO シマノ Di2 12速/ディスクブレーキ編

ROAD BIKE MAINTENANCE BOOK SHIMANO Di2 12SPEED/DISC BRAKE

STUDIO TAC CREATIVE

CONTENTS
目次

ロードバイクメンテナンスブック
SHIMANO シマノ Di2
12速/ディスクブレーキ編
ROAD BIKE MAINTENANCE BOOK SHIMANO Di2 12SPEED/DISC BRAKE

CONTENTS 目次

ロードバイクメンテナンスブック
SHIMANO シマノ Di2
12速/ディスクブレーキ編
ROAD BIKE MAINTENANCE BOOK SHIMANO Di2 12SPEED/DISC BRAKE

ロードバイクの傾向

ロードバイクを構成するコンポーネントと呼ばれるパーツには、何十年かに一度大きな変革期が訪れます。

ダウンチューブに取り付けられたシフトレバーを介してシフトチェンジを行なっていたロードバイクですが、1990年代に登場したシマノのSTI（シマノトータルインテグレーション）システムの登場で大きな変化が訪れました。ハンドルバーから手を離すことなくシフトチェンジを行なうことができるSTIは、ライバルであるカンパニョーロのエルゴパワーシステムと共に20年以上進化を続けてきました。

2009年、シマノはモーターを使用したDi2システムを導入し、ロードバイクに新たなイノベーションを起こします。そしてそのDi2システムを進化させるとともに、グレードの幅も広げてきました。2022年に発表された105の12速は当初Di2のみで、約1年遅れて機械式が追加されました。これは今後、電動コンポーネントがロードバイクの標準的な装備となることを意味していると言って良いでしょう。

レースにおける入門グレードである105のDi2化は、今後レースを意識したロードバイクには電動シフトがマストと言える状況を生み出しました。

新型105はDi2化と共に、ディスクブレーキ専用となりました。このディスクブレーキの採用も全世界的なロードバイクの流れとなっており、各フレームメーカーもここ数年でメインとなる車種はほぼディスクブレーキ仕様となっています。

ディスクブレーキの採用はブレーキ性能の向上は当然のこととして、もうひとつ大きなイノベーションをロードバイクにもたらしました。それはより広いリム幅のホイールを使用できるようになり、タイヤもより太いサイズが使用できるようになったことです。レースにおけるロードバイクのタイヤは長い間23Cが標準と言われて来ましたが、現在では28Cが最も多く使われているサイズです。これはディスクブレーキ化されたことによって、ブレーキキャリパーの許容値から解放されたためです。

また、タイヤに関してはチューブレスレディと呼ばれるタイプが主流になっています。このチューブレスレディはチューブレス構造のタイヤにシーラントと呼ばれる専用の液剤を注入することで機密性を上げたものです。パンクに関しても、小さな穴であればシーラントによって瞬時に修復されるようになっているのもメリットです。タイヤサイズの拡大によってエアボリュームが増加したことで、空気圧にも変化が出てきています。従来は7〜8barと言われてきた空気圧は6bar前後となり、グリップと乗り心地の向上をもたらしました。

フレームメーカーの進化となりますが、ホイールの固定方法に関してはスルーアクスルが増えてきています。アクスルシャフトをねじ込んで固定することで、従来のクイックリリース（レリーズ）方式よりも強度を上げることができ、プロレースではほぼスルーアクスルが採用されていると言えます。元々レース中のホイールの脱着を素早く行なうために採用されたクイックリリースですが、レース中にホイールを脱着することかほぼ無くなった現在、その規格の見直しが行なわれるのは当然のことかもしれません。

進化するロードバイクの構成部品、そのひとつひとつはより速く、強いロードバイクを生み出しているのです。

Di2 システムについて

デュラエース、アルテグラ、105の各グレードが12速化されたDi2システムは、従来のケーブルと完全に決別した新世代の始まりと言えるでしょう。

特にレース入門用と言われてきた12速の105グレードがディスクブレーキオンリーとなったことで、レースにおいてディスクブレーキがスタンダードになったと言えます。これはシマノがSTIシステムを導入した時と同じレベルの変革であると言えるでしょう。

先代のシステムとはほとんど互換性が無くなってしまいましたが、Di2の12速に関しては全てのグレードで互換性があり、部分的なグレードアップにも対応しています。

価格に関しては105グレードで倍近くなってしまいましたが、一度システムの進化を体感するとその価格以上の進化を感じることができるはずです。

新しい時代のスタンダードとなる

シフト操作がワイヤレスになったことで、シフト周りの配線やケーブルが必要なくなりました。そのためハンドル周りがすっきりとし、メンテナンス作業なども楽になったと言えます

デュアル
コントロールレバー

シフトレバーのワイヤレス化で、ハンドル周りにはブレーキホースしか必要なくなり、外装式でもハンドルの握り心地が向上しています。シフトもスイッチ式なので、シフト操作を素早く行なうことができます

クランク／
フロントディレーラー

12速専用のクランクとの組み合わせで、フロントディレーラーは正確で素早いシフトを実現します

リアディレーラー／スプロケット

12速スプロケットと12速用リアディレーラーは、フロント同様に正確で素早いシフトを実現します。アプリの設定で、多段変速やシフトスピードの設定などもできるようになっています

フロントブレーキ／アクスル

フロントブレーキは直径160mmのディスクローターが使用されることが多く、ブレーキキャリパーは油圧式です。アクスルはスルーアクスルタイプが定番化しつつあります

リアブレーキ／アクスル

リアブレーキは、直径140mmのディスクローターが使用されることが多くなっています。アクスルはフロントと同じ規格が使用されます

アプリケーション

システムのペアリングから、セッティング、ファームウェアのアップデートなどは全てシマノが提供するアプリケーション「E-TUBE PROJECT Cyclist」で行ないます

SHIMANO Di2 ASSEMBLY

シマノ Di2
組み込み編

プロショップ ウーノ代表の宮崎景涼氏によるDi2システムの組み込み工程を、写真と共に詳しく紹介していきます。シマノが提供するマニュアルと共にご覧いただくことで、より深くDi2システムの組み込み方を理解することができるはずです。

Di2 組み込みの基本

Di2化や油圧式ディスクブレーキの採用によって、ロードバイクの組み立て方は大きく変わったと言えます。手順はもちろん、使用する工具なども変わっているので、とまどう部分もあるかもしれません。

12速のDi2はシフトレバーがワイヤレス化されたため、シフトケーブルやエレクトリックケーブルが必要なくなりました。アプリによってディレーラーとペアリングするだけで接続作業は終了です。シフトケーブルを使用する場合はアウターケーブルの長さを決めてカットするだけでも、かなりの時間を要していました。それ以外にも手間が省ける部分があり、シフト関係に使う時間は半分以下になったと言って良いでしょう。

それに対して、油圧式ディスクブレーキはケーブル式のキャリパーブレーキより簡単になった部分もあれば、面倒になった部分もあります。例えばブレーキホースの長さを決めてつなぐのはJ-キットと呼ばれるブレーキオイルが封入されたタイプであれば非常に簡単です。しかし、ブレーキホースにオイルを一から入れる場合は、フルードの入れ方やエア抜きなど今までのロードバイクには無かった作業が多数発生し

ます。油圧式ディスクブレーキはMTBではもう長く使われている技術なので、耐久性などに関しては充分な信頼性があります。それなので、ブレーキホースは一度組み付ければかなり長い時間使用できるのですが、亀裂などが入ってオイル漏れを起こせばまったくブレーキが利かなくなることもあります。また、ブレーキホースの取り回しを必要とするハンドル交換などに関しては、今までよりも手間と時間がかかることになります。つまり、ショップに依頼した場合には、今までよりも工賃がかかるということになります。

ここから紹介していくのは極めてベーシックなDi2仕様のロードバイクですが、Di2を触ったことがなければ見たことのない作業内容が出てくると思います。しかし、そこは扱いやすさにも定評のあるシマノだけに、きちんとした手順を踏めば問題なく組み立てられるようにはできています。もちろんコツと言える部分は多数あり、プロと同じように作業をするには経験が必要です。自分でDi2の組み込みを行なおうという方は、自分の手による組み立ての責任は自分にあるということだけは理解しておいてください。

この記事でDi2の組み込み工程を見ていくことは、Di2システムの理解を深めることであり、愛車の理解を深めるきっかけとなるはずです。

Di2の基本的な構成部品

Di2の規格や最近出てきた規格など、使用できるパーツが従来と変わっている部分があります。そのため、パーツを揃える際は、規格が合っていることをしっかり確認する必要があります。特に12速の105グレードは、基本構成ではディスクブレーキにしか対応していません。キャリパーブレーキ仕様のフレームに組み込むという場合は、デュアルコントロールレバーにアルテグラグレードのST-R8150を使用し、有線接続する必要があります。

フレーム

フレームはディスクブレーキと、Di2に対応したものが必要です。デュアルコントロールレバーに有線タイプを使用することで、キャリパーブレーキに対応することが可能です

リアディレーラー

システムの中核となる12速タイプです。充電はこのリアディレーラーから行ないます

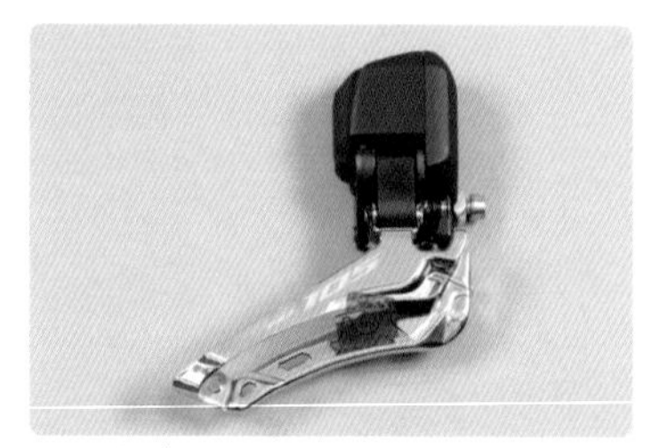

フロントディレーラー

フロントディレーラーは2速仕様。前後ディレーラーはバッテリーと有線接続されます

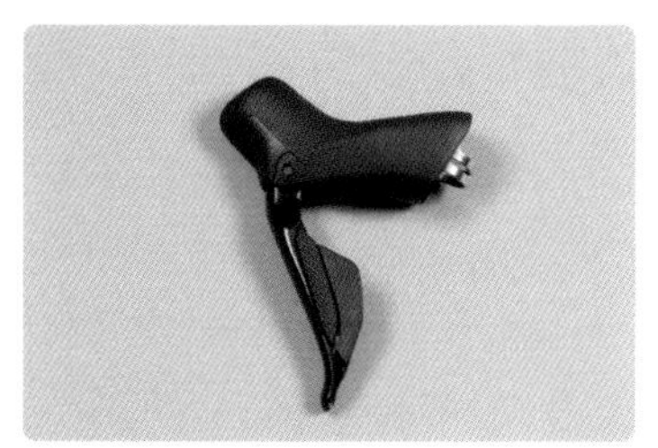

デュアルコントロールレバー
ディレーラーとはワイヤレス接続となったため、シフトケーブルは必要がありません

ブレーキキャリパー
油圧式のブレーキキャリパーは、ディスクローター径に合わせてスペーサーが必要です

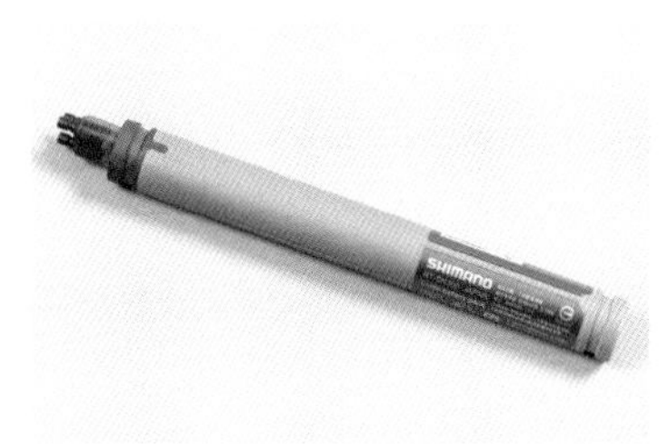

バッテリー
ディレーラー駆動用のバッテリーは、シートポストに格納されるようにデザインされています

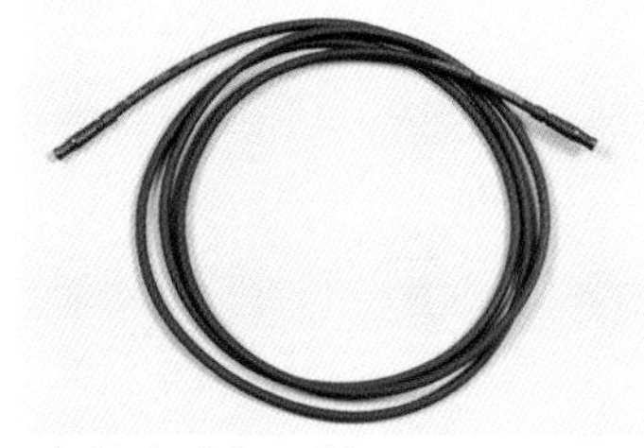

エレクトリックケーブル
バッテリーとディレーラーをつなぐケーブルです。前後用の2本が必要になります

クランク
クランクは12速対応で、チェーンラインが従来のクランクと異なっています

BB
BBはフレームの規格に合わせた物が必要です。今回はシマノのプレスフィットタイプを使用します

スプロケット
スプロケットは105が11-34Tと11-36T、アルテグラとデュラエースは11-30Tと11-34Tがあります

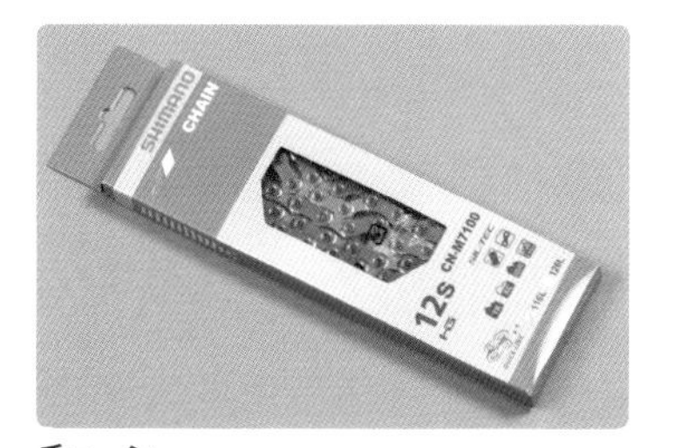

チェーン
12速専用となり、4種類のグレードが用意されています。今回はクイックリンクタイプを使用します

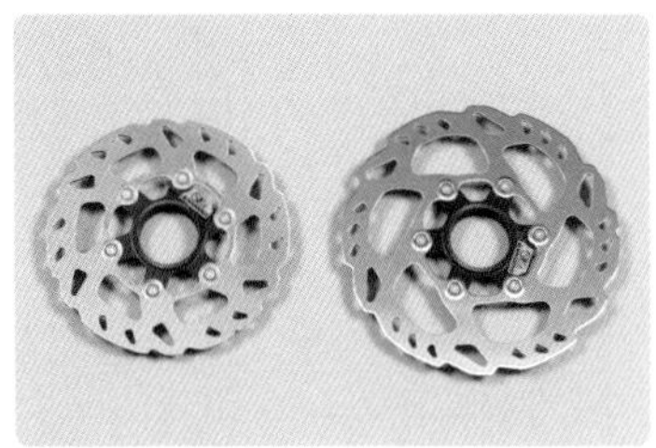

ブレーキローター

グレードによって放熱性能や重量が異なります。105のフロント160mm、リア140mmを使用します

ホイール

ホイールはディスクブレーキ対応の物が必要です。今回使用するのはチューブレスレディタイプです

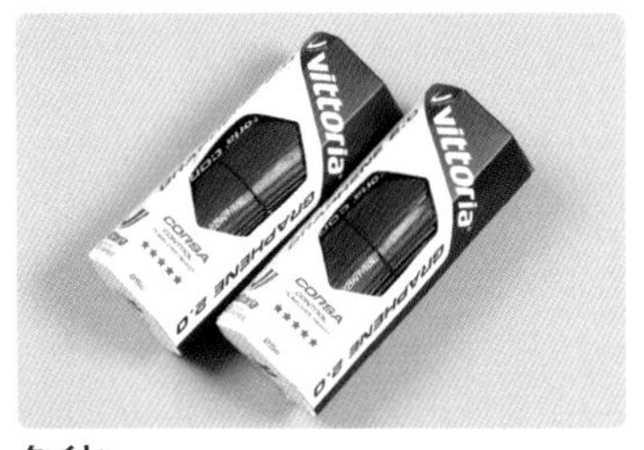

タイヤ

タイヤはチューブレスレディに対応した物です。別にシーラントが必要になります

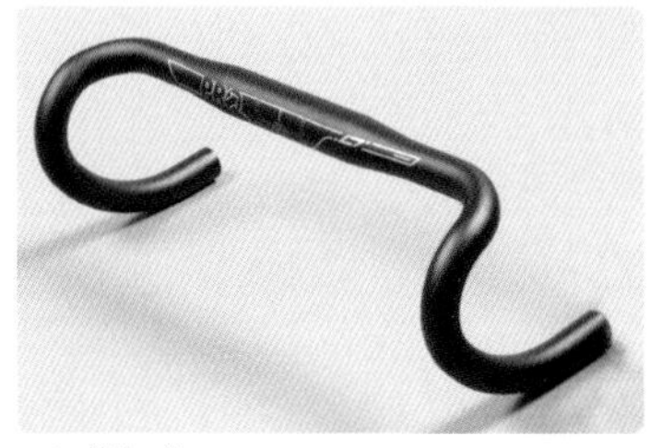

ハンドルバー

ハンドルバーは従来の物が使用できるので、好みや体型に合わせた物を使用します

ステム

ステムはフレームと体型を基本に、好みに合わせて長さやライズを選びます

バーテープ

バーテープも種類が増えてきているので、特性を理解した上で好みに合わせて選びます

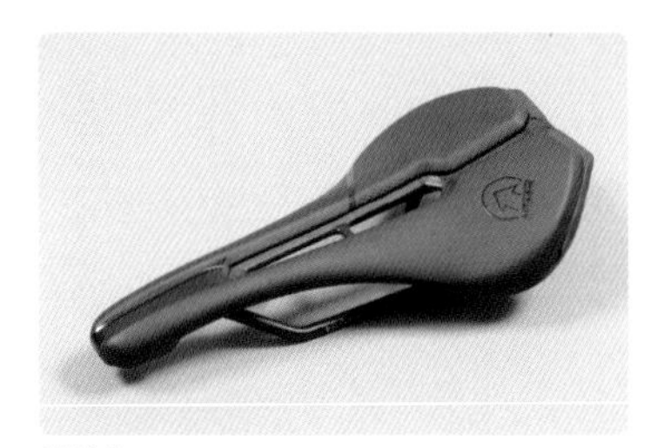

サドル

サドルはフレームの規格に合った物の中で、好みに合った物をチョイスします

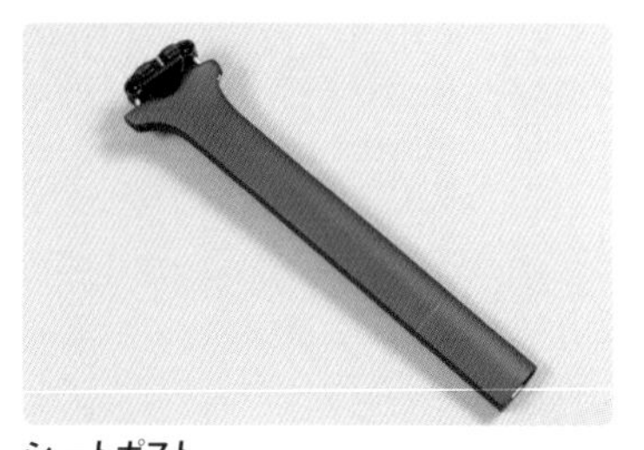

シートポスト

シートポストはフレーム専用の物が用意されていることが多くなっています

締め付け工具について

ロードバイクに使われているボルト類は基本的に六角穴タイプで、使用する工具はアーレンキーや六角レンチと呼ばれ、一般的なのはL字タイプです。しかし、Tレンチタイプや、ソケットタイプがあると作業効率が向上します。また、カーボン素材は締め付け過ぎると割れてしまうので、トルクレンチが欠かせません。

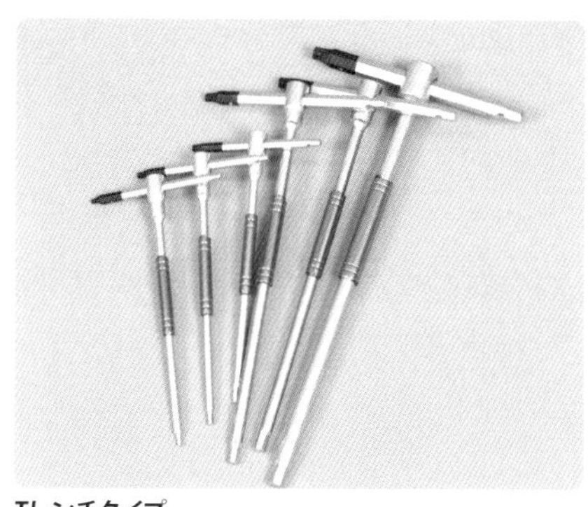

Tレンチタイプ
L字タイプと同様に使え、早回しができるのが特徴です。仮締めまではこのTレンチタイプを使うのがおすすめです

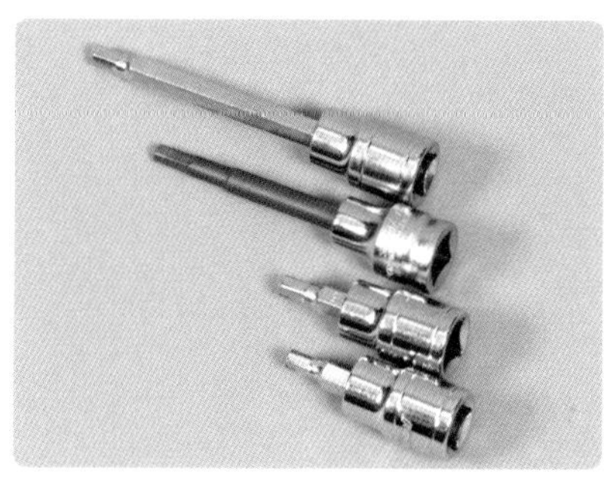

ソケットタイプ
ラチェットハンドルやトルクレンチと組み合わせて使用します。ビット先端の長さにも種類があります

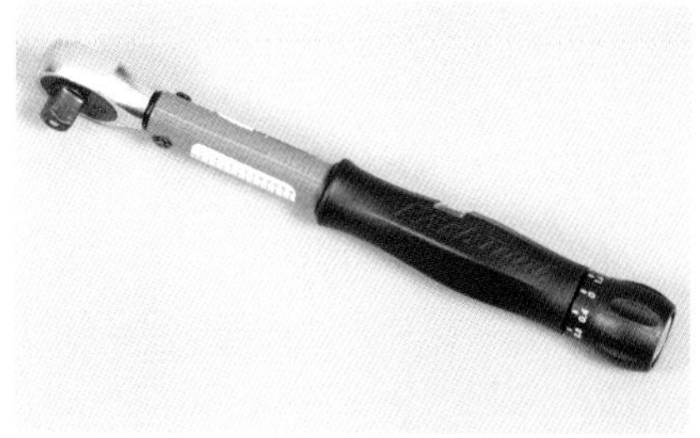

トルクレンチ
トルク値をプリセットしておくことで、指定のトルク値になるとクリック感や音で知らせてくれます

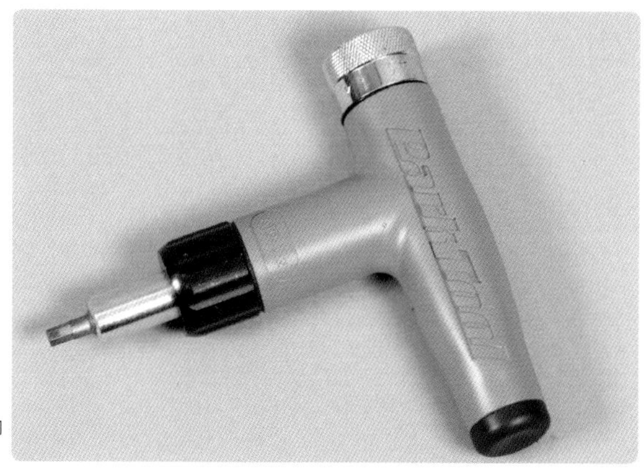

T型トルクレンチ
締め付けトルクが小さい部分に向いている、小型のトルクレンチです

コラムのカットとフレームの固定

油圧式ディスクブレーキを内装で組み込む場合、フォークコラムは先にカットしておく必要があります。これはコラムの内部をブレーキホースが通るため、後からカットすることができないからです。また、既存のメンテナンススタンドはフロントフォークで固定するのが基本ですが、フォークを後から組み込むことになるので、リアで固定するためのアダプターが必要になります。

コラムをカットする

01
コラムの長さを後から調整しようとすると、フロントブレーキを分解する必要があるため現実的ではありません。仮組みしてしっかりと長さを決めておきます

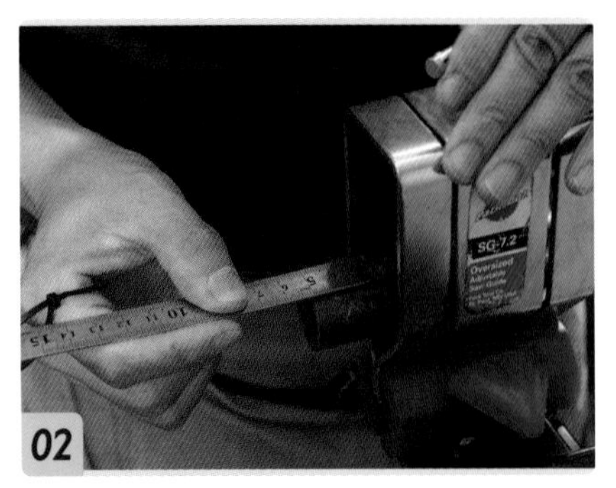

02
コラムのカットはやり直しの利かない一発勝負になるため、何度か長さを測って正確な値を出すようにします

03
治具にセットして、まっすぐにコラムをカットします。切断面が荒れないように、刃はよく切れるものを使用しましょう

メンテナンススタンドへのフレームの固定

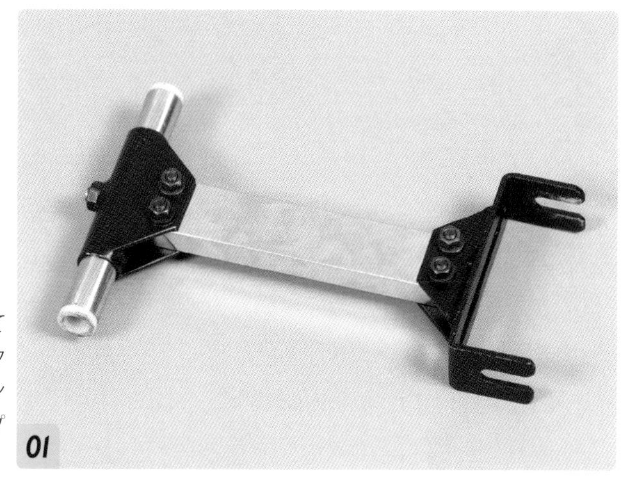
01

これはウーノで使用されている、フレームをリアのアクスルでメンテナンススタンドに固定するためのアダプターです

02

アダプターを使用することで、このような状態でメンテナンススタンドにフレームを固定することができます。こうすることで、フロントブレーキを内装で取り付けることができるようになります

リアブレーキキャリパーの組み込み

リアのブレーキキャリパーを組み込んでいきます。最も一般的なJ-キットの場合、ブレーキキャリパーとブレーキホースは繋がった状態で、ホース内部にブレーキオイルが満たされた状態になっています。内装されるブレーキホースはチェーンステーからダウンチューブを通し、ヘッドチューブから外に出します。フレーム内にホースを通すのには、多少コツが必要です。

ホースをフレーム内に通し、キャリパーを組み込む

01

J-キットのリアブレーキキャリパーとブレーキホースです。ブレーキホースの内部にはブレーキオイルが封入されています

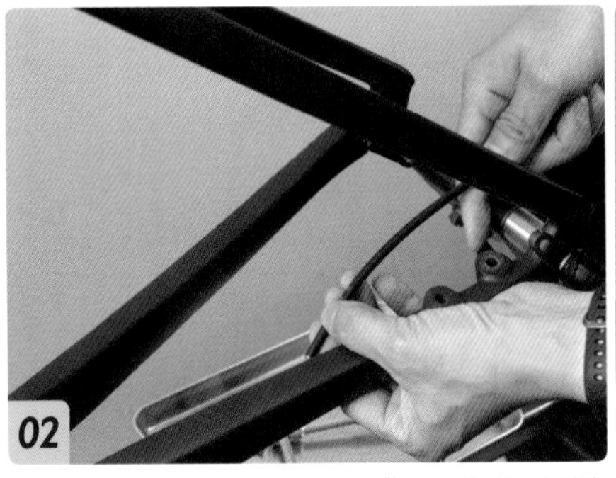

02

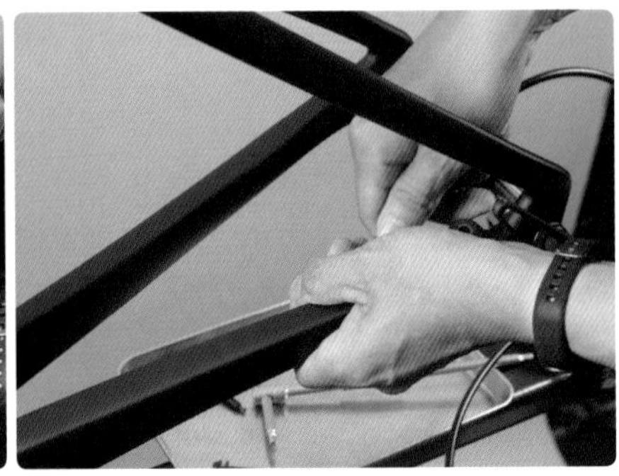

ブレーキキャリパーを固定する前に、チェーンステーの内側にあけられた穴から、ブレーキホースを通していきます。ホースに負担がなるべくかからないように注意しましょう

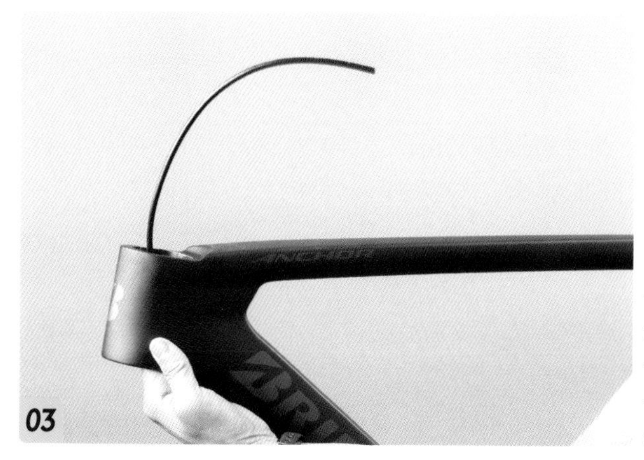

チェーンステーからBBハンガー、そしてダウンチューブへとブレーキホースを通し、ヘッドチューブからホースの先端を出します

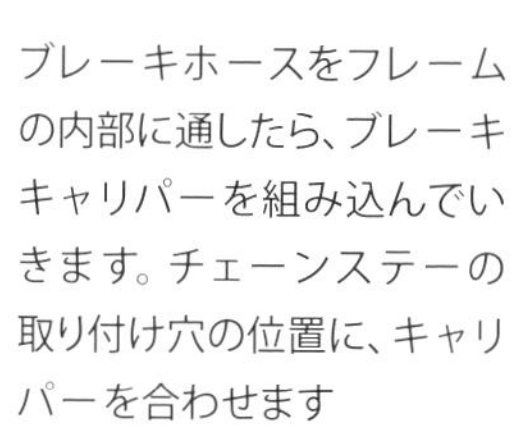
ブレーキホースをフレームの内部に通したら、ブレーキキャリパーを組み込んでいきます。チェーンステーの取り付け穴の位置に、キャリパーを合わせます

チェーンステーの下面から、キャリパーの固定ボルトを締めます。ボルトは2本あるので、均等に締め付けていきます。ディスクローターをセットする際に微調整するので、ここでは仮留めにしておきます

06

ブレーキキャリパーを組み込んだ状態です。前頁でも触れましたが、この段階では仮留めの状態にしておきます

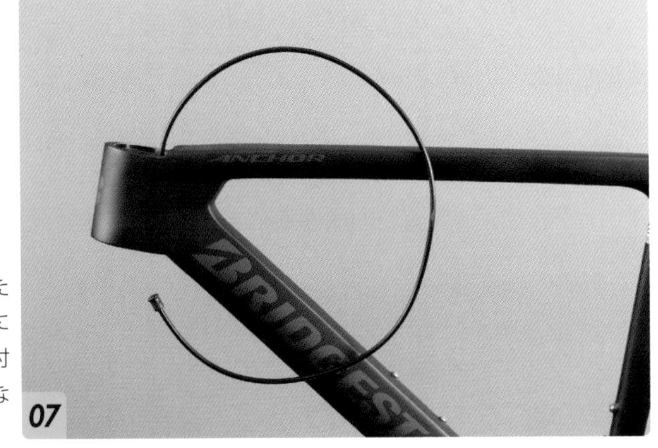

07

ヘッドチューブから出したブレーキホースは、先端にゴム製のキャップを取り付けて、フレームに傷をつけないように保護しておきます

組み込みやすいJ-キット

レバーからの入力をキャリパーに伝えるのにオイルを使用する油圧式のディスクブレーキですが、オイルをホース内に入れる作業に非常に手間がかかります。そのため、シマノではリアブレーキキャリパーとブレーキホースをつなぎ、内部にブレーキオイルを封入した「J-キット」を用意しています。このJ-キットはブレーキホースとSTIレバーを接続するたけで使用することができるようになるため、飛躍的に組み込み作業の負担を減らすことができます。ただし、ブレーキホースをカットして使用する場合は、エア抜きの作業が必要になるので注意が必要です。

フロントキャリパーとフォークの組み込み

フロントブレーキキャリパーとフォークを組み込んでいきます。フロントのブレーキキャリパーは左側のフロントフォークに組み付けられ、ブレーキホースはフォーク内を通し、コラムにあけられた穴から先端を出します。このコラムの穴からホースを出すのに多少コツがいるので、ホースに無理な力をかけないように注意しながら丁寧に作業するようにしましょう。

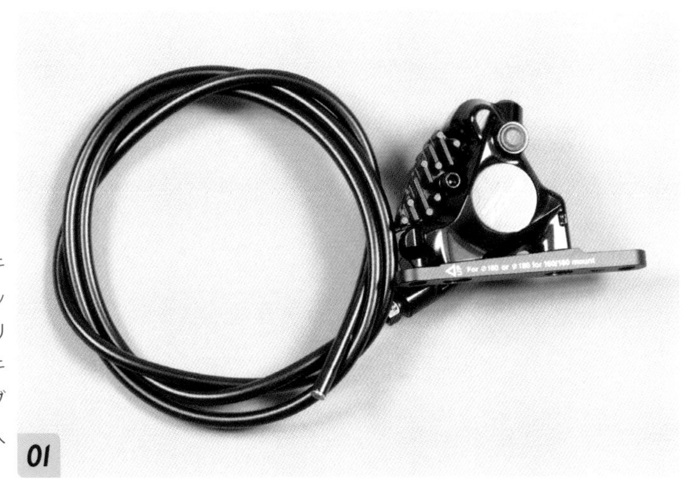

01

フロントブレーキキャリパーもJ-キットを使用します。リア同様に、ブレーキホースの内部にはブレーキオイルが封入されています

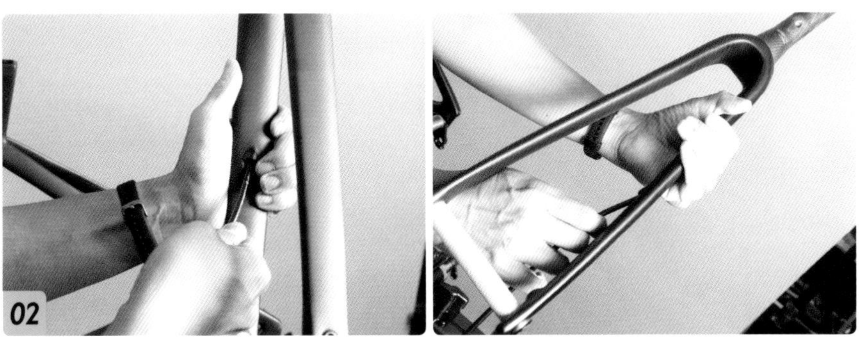

02

ブレーキキャリパーを組み付ける前に、ブレーキホースをフォークの内部に通します。フォーク内部は狭く、ホースを通しにくいので、ホースに負担がかからないように注意します

POINT

ブレーキホースの先端は、このようにコラムの途中にある穴から出します。出しにくい場合もありますが、無理に力を加えてホースを傷めないように注意しながら丁寧に作業を進めます

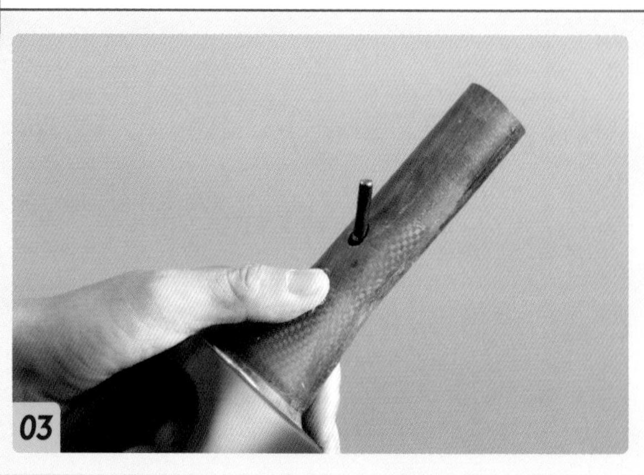

03

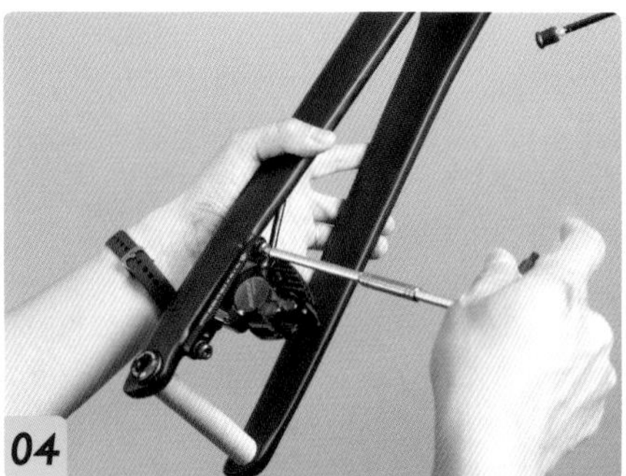

04

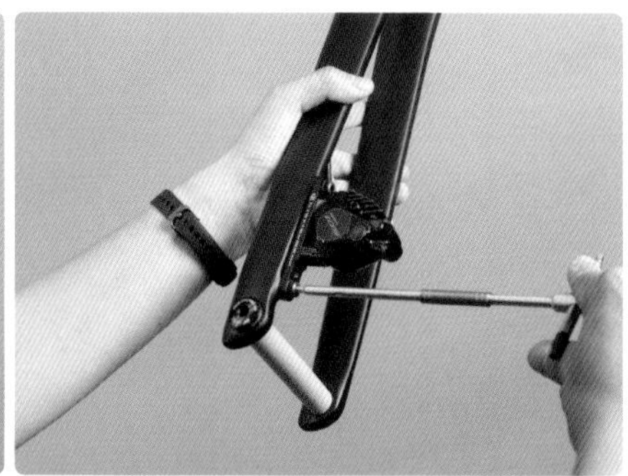

ブレーキホースを通したら、ブレーキキャリパーを取り付け位置にセットしてボルトで固定します。リアと同様に2本を均等に締めていき、ここでは仮留めの状態にしておきます

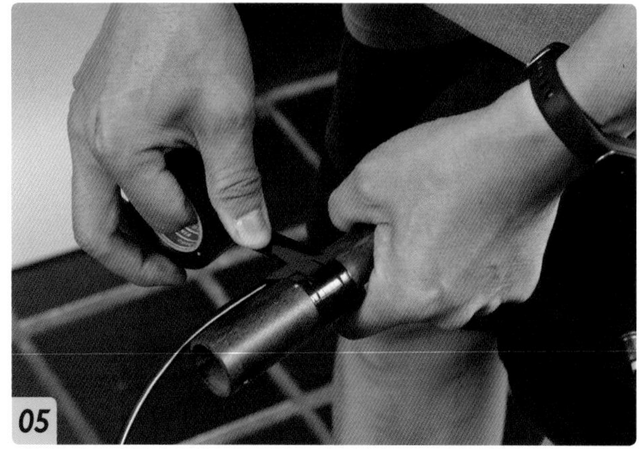

05

ブレーキホースをコラムに沿わせ、ビニールテープで固定していきます

ブレーキホースをコラムに沿わせて固定した状態です。できるだけピッタリ沿わせます

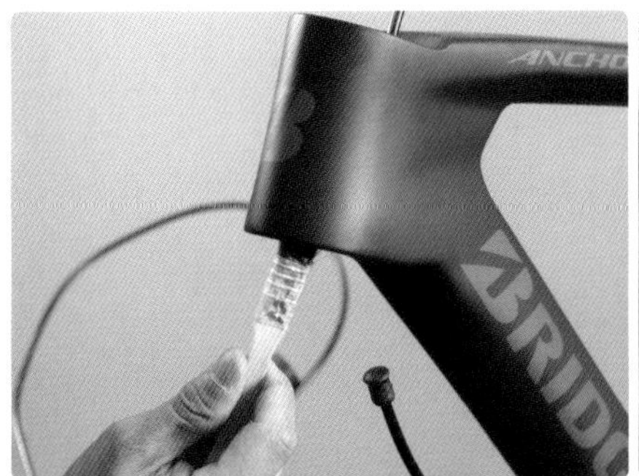

フォークをセットしていきます。まずヘッドチューブの上下と、コラムの根本部分にグリスを塗ります。下側のベアリングをコラムに通したら、コラム全面にグリスを塗ります

POINT

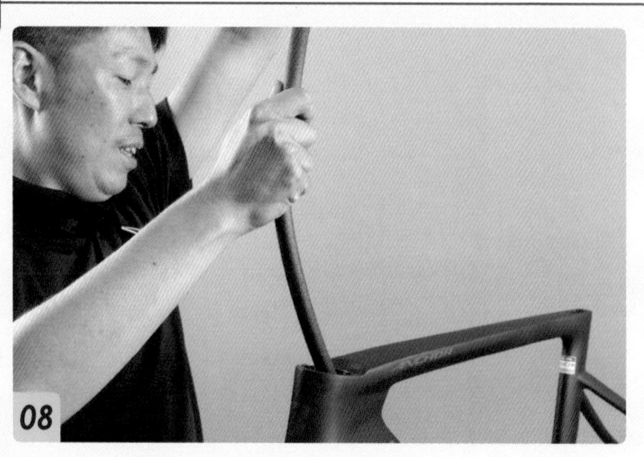

フォークをセットする前に、リアブレーキホースがフレーム内部に当たって音が出たりしないようにホースにカバーを取り付けます

前後のブレーキホースを逃しながら、フロントフォークをフレームにセットします

ホースとコラムに上側のベアリングを通し、フレームにセットします

今回使用しているフレームの場合、ヘッドベアリングの上にカバーが取り付けられます。カバーにはブレーキホース用の穴があけられているので、その穴にホースを通してセットします

POINT

カバーの穴はトップカバー側の穴の位置に合わせて、ホースを通す位置を変えられるようになっています

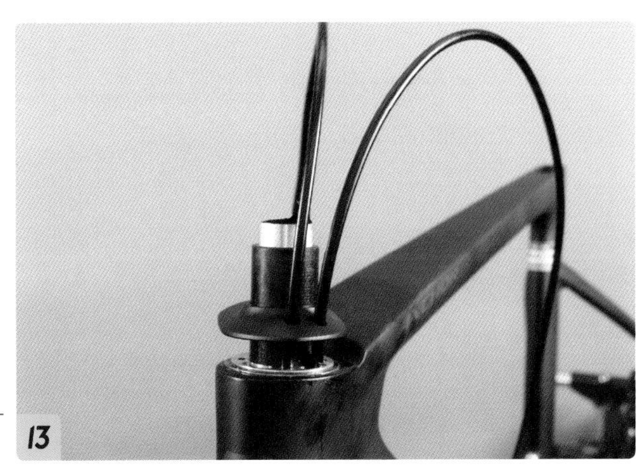

トップカバーにブレーキホースを通してセットします

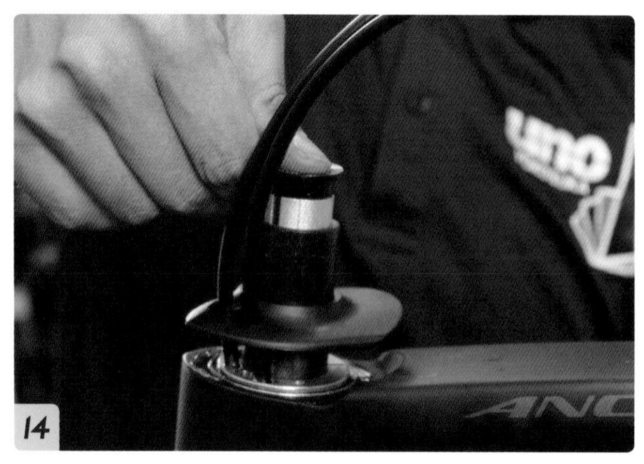

トップカバーをセットしたら、コラムにヘッドパーツをセットします

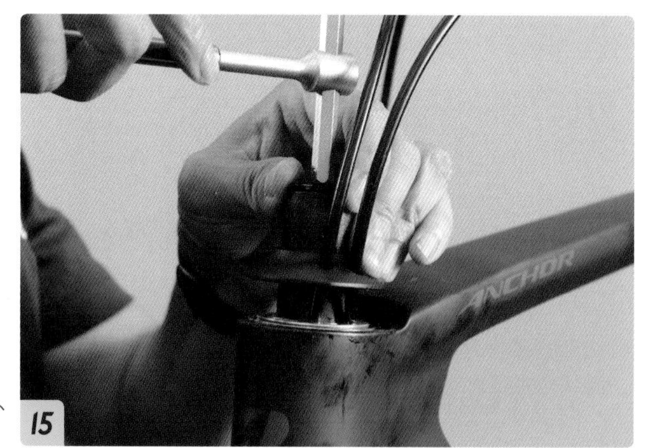

ヘッドパーツをセットしたら、トップキャップを外します

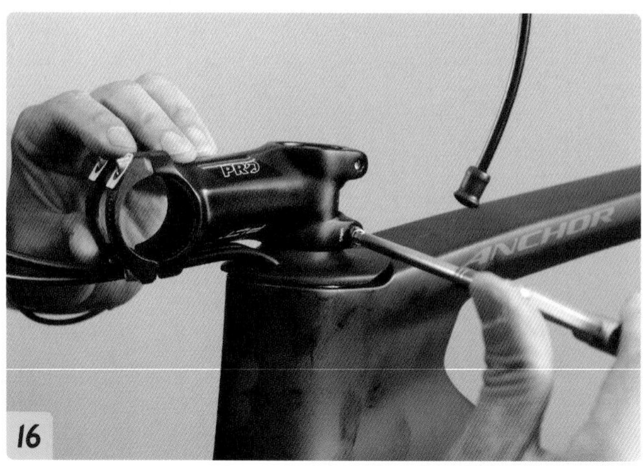

ステムをコラムにセットし、仮留めしてフォークをフレームに留めます

トップキャップを再度取り付けて仮留めし、フロントフォークの組み込みは完了です。フロントフォークを組み込んだことで、フロントでメンテナンススタンドにセットすることが可能になります

油圧式ブレーキを組み込む際のメリットとデメリット

ロードバイクのケーブルやホースの内装化は、ブレーキの油圧ディスク化とSTIのワイヤレス化によって簡素化されたと言えるでしょう。ただし、作業が難しくなる部分もあるので、一長一短とも言えます。ヘッド周りに関してはブレーキホースの処理が難しくなっており、初めて作業する場合は難航する可能性があります。また、油圧式のディスクブレーキは一度ホースをつないでしまうと分解して再接続するのに手間がかかります。例えばハンドルを外装式から内装式に変更する場合などにはホースを外す必要があるので、部品の選択を慎重に行なう必要があります。

配線とディレーラーの組み込み

モーターを内蔵するDi2の前後ディレーラーは、シートポスト内にセットされるバッテリーから給電されて作動します。このバッテリーからディレーラーへの給電はエレクトリックワイヤーと呼ばれる配線を通して行なわれるようになっており、配線はフレームに内装されるようになっています。配線を内装するためには、専用のグロメット等が必要になります。

ケーブルとバッテリーの組み込み

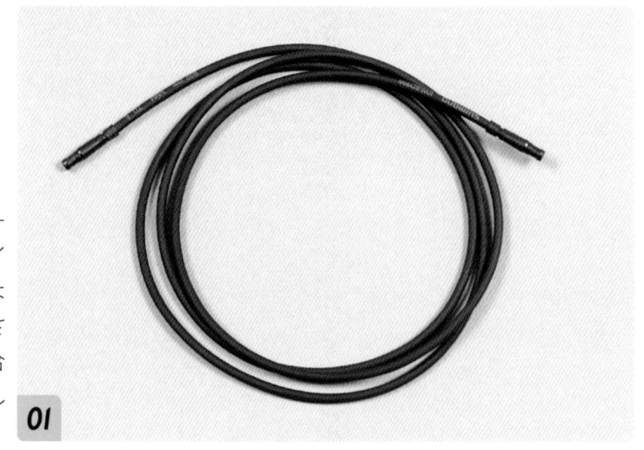

01

ディレーラーとバッテリーは、このエレクトリックワイヤーでつなぐ有線仕様となります。長さは数種類設定されているので、フレームに合わせた長さのものを使用します

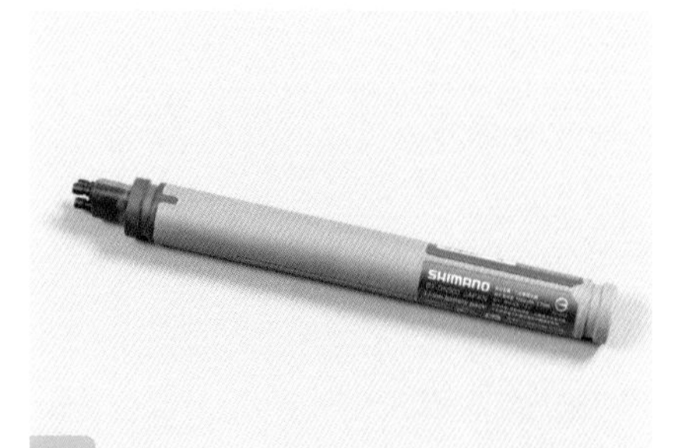

02

ディレーラー駆動用のバッテリーは、シートポストの中にセットされます。充電はリアディレーラーから行ないます

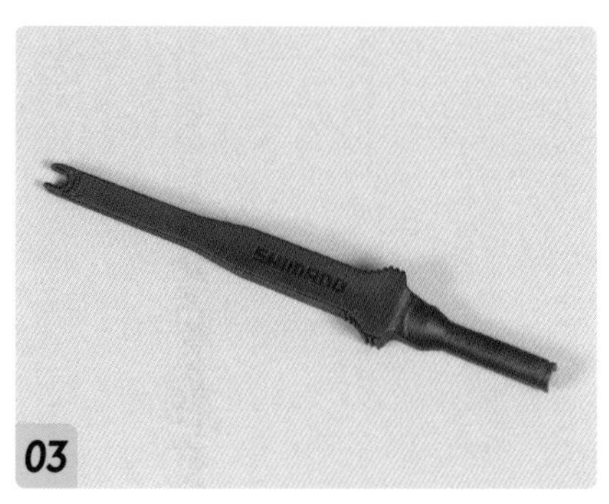

03

エレクトリックワイヤーの接続用のプラグツールと呼ばれる工具は、Di2の組み込みには欠かせません

フロントディレーラー用のエレクトリックワイヤーを、シートチューブにあけられた穴から上に向けて通していきます

シートチューブの上からエレクトリックワイヤーが出たら、落ちないようにマスキングテープで留めておきます

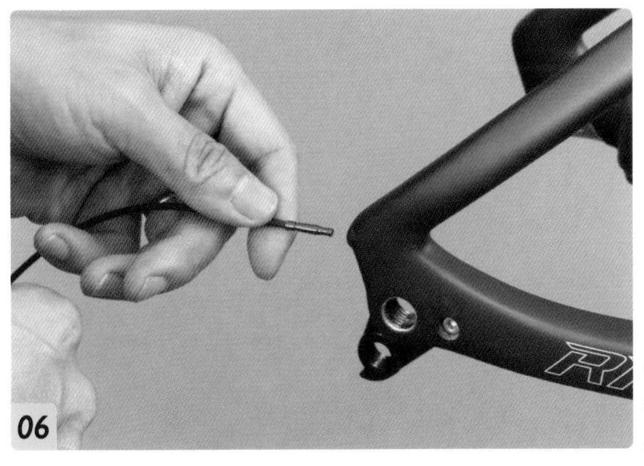

リアディレーラー用のエレクトリックワイヤーを、リアのエンド部分にある穴から入れていきます

途中で引っかからないように、ゆっくりとエレクトリックワイヤーを押し込んでいきます

POINT

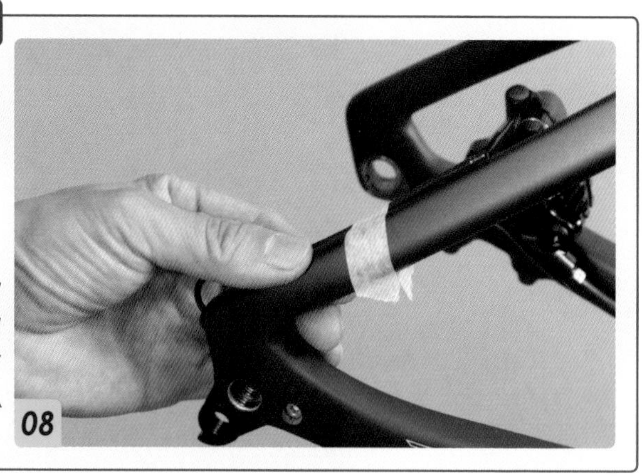

10〜15cm程エレクトリックワイヤーを残し、これ以上フレームに入らないようにマスキングテープでフレームに留めておきます

BBハンガー部分から、リアディレーラー用のエレクトリックワイヤーを一度外側に引き出します

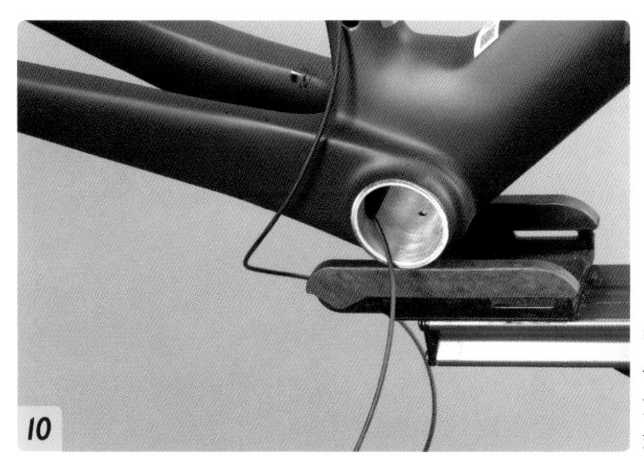

リアディレーラー用のエレクトリックワイヤーが、チェーンステー内で遊ばない程度まで外に引き出します

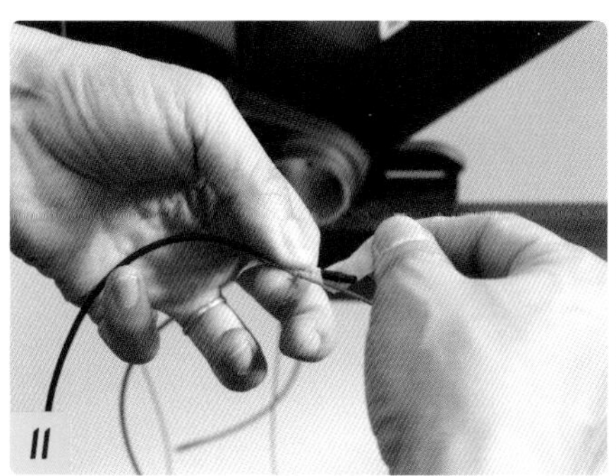

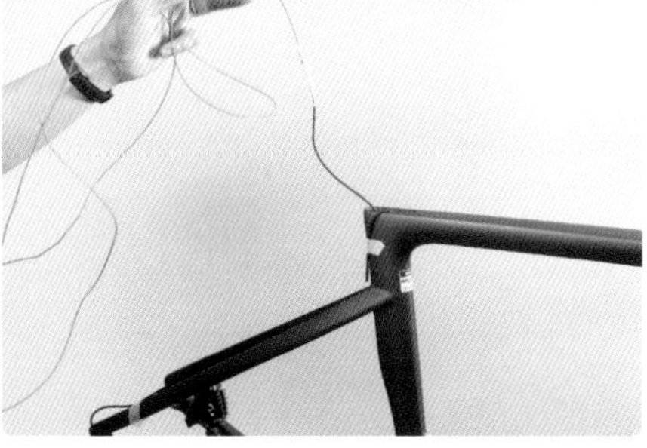

エレクトリックワイヤーを延長するための紐（専用工具もあります）を取り付け、リアディレーラー用のエレクトリックワイヤーをシートチューブの上側から出します

リアエンド部分に残したリアディレーラー用のエレクトリックワイヤーにグロメットをセットして、エンド部分の穴に嵌め込みます

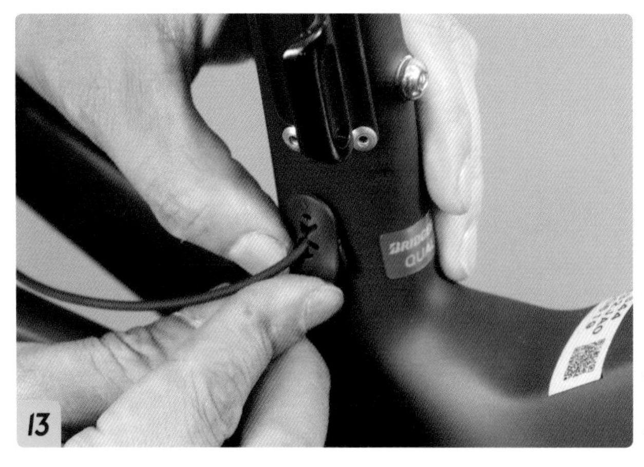

シートチューブ横の穴から出したフロントディレーラー用のエレクトリックワイヤーにも、グロメットをセットして穴に嵌め込みます

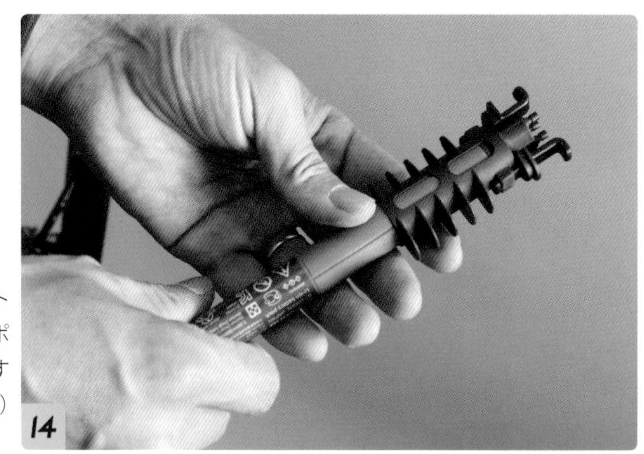

バッテリーにシートポスト用のアダプター（シートポストの形状によって使用するアダプターが変わります）をセットします

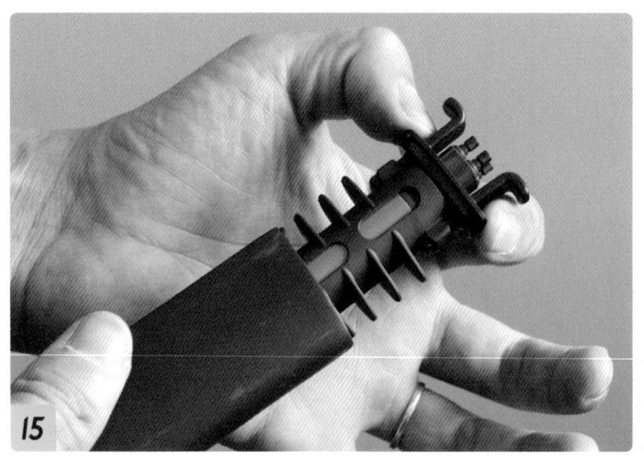

アダプターをセットしたバッテリーを、下側からシートポストの内部に入れます

シートポストにバッテリーをセットした状態です

使用するE-TUBEポートの保護キャップを引き抜きます。前後のディレーラーのエレクトリックワイヤーをつなぐので、2カ所のキャップを外します

エレクトリックワイヤーの端子を、このような状態でプラグツールにセットします

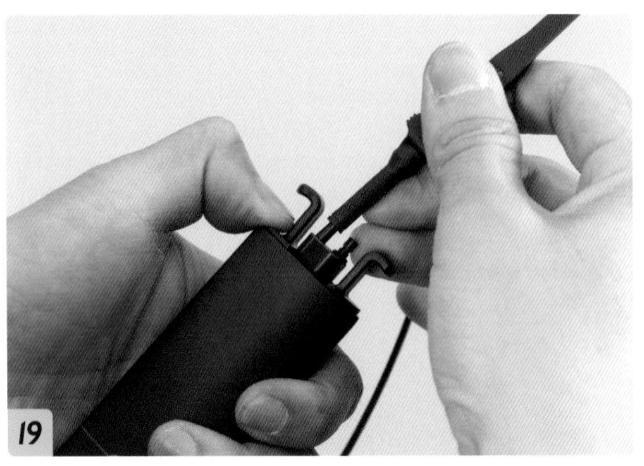
19

プラグツールにセットした端子を、バッテリーのE-TUBEポートに接続します

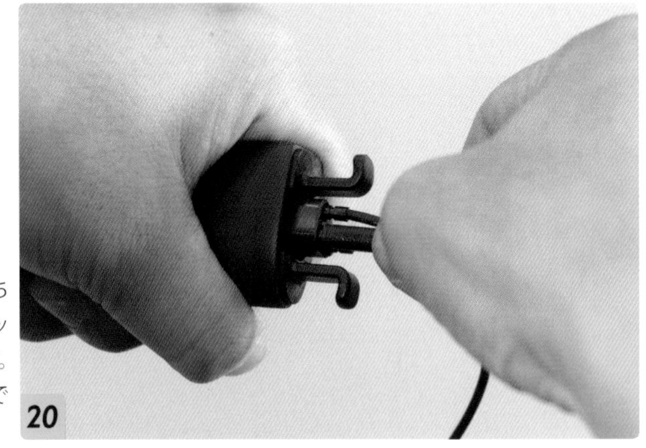
20

端子がE-TUBEポートにきちんと嵌め込まれると、カチッというクリック感があります。このクリック感を感じるまで差し込みます

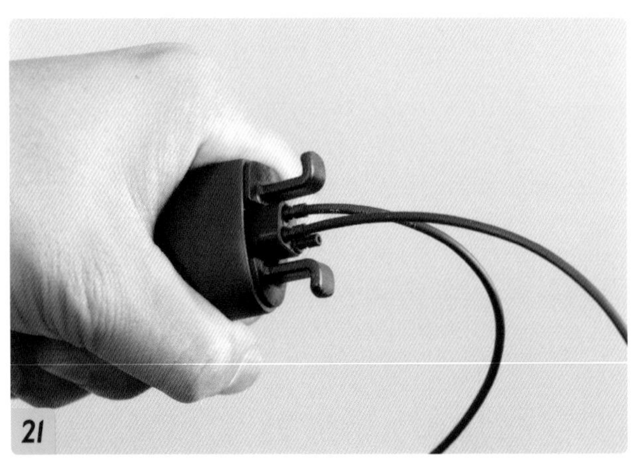
21

前後ディレーラーのエレクトリックワイヤーを、シートポストにセットしたバッテリーとつないだ状態です

POINT

カーボン製のシートポストをセットする際は、必ず滑り止めとなる専用のグリスを塗布します

22

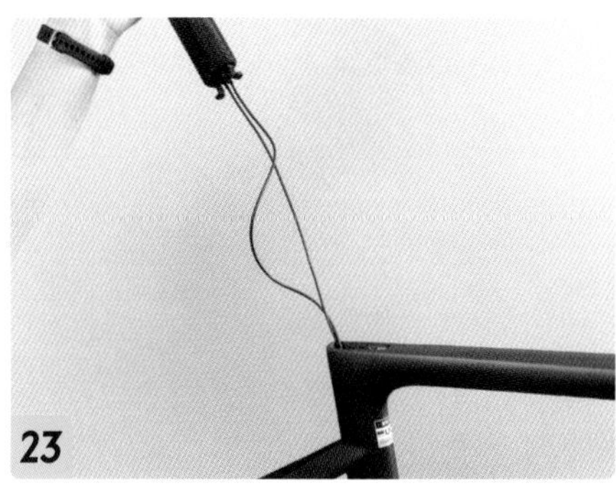
23

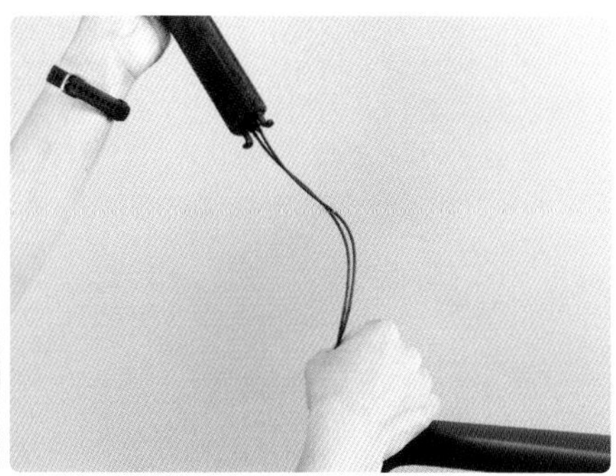

バッテリーに接続された前後ディレーラーのエレクトリックワイヤーに負担がかからないようにシートチューブに収めつつ、シートポストをセットします

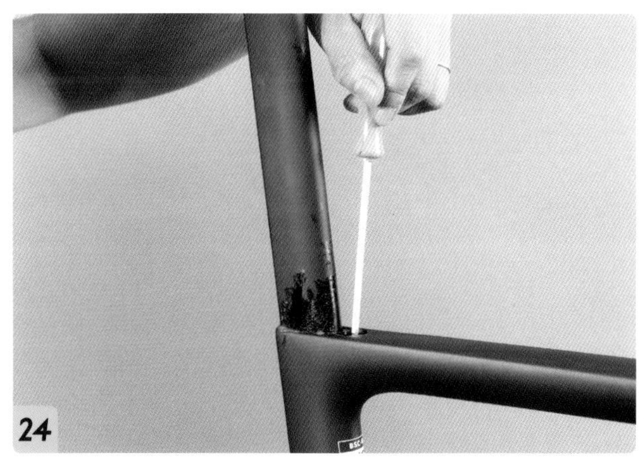
24

シートチューブにシートポストをセットしたら、仮留めしておきます

リアディレーラーの組み込み

01

使用するリアディレーラーは105のRD-R7150。Di2システムの中核を成していると言えます

02

ディレーラーハンガーへの取り付け方法は、従来と大きく変わりません

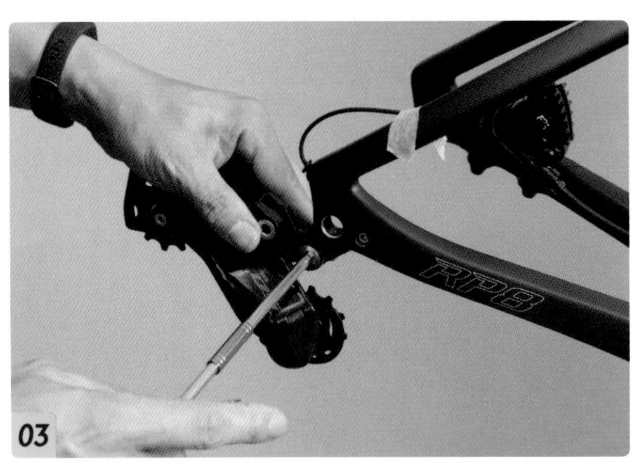

03

ディレーラーハンガーの爪に、ディレーラーのストッパープレートを当てた状態でボルトを締めて固定します

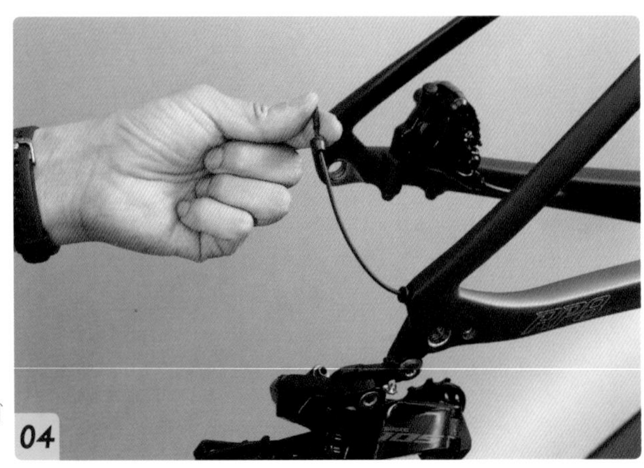

04

エレクトリックワイヤーにゴムカバーを通します

POINT

このゴムカバーは、リアディレーラーとエレクトリックワイヤーの接続部を保護するための物です

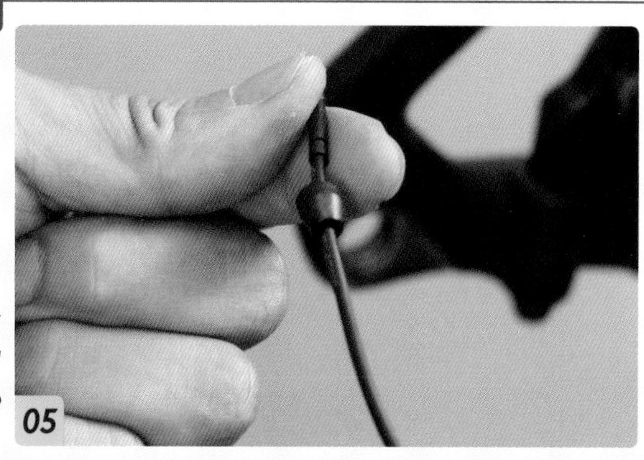
05

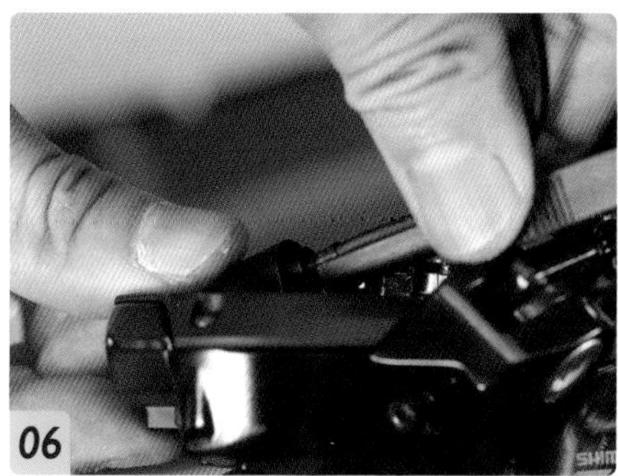
06

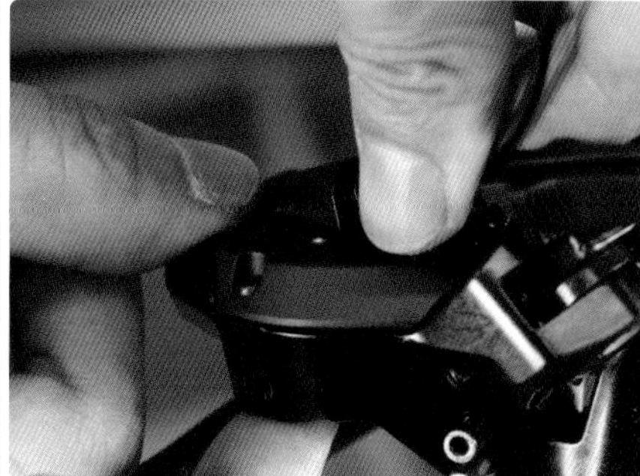

バッテリーとつないだ際と同様に、エレクトリックワイヤーの端子をプラグツールにセットして、クリック感があるまでリアディレーラーのE-TUBEポートに差し込みます

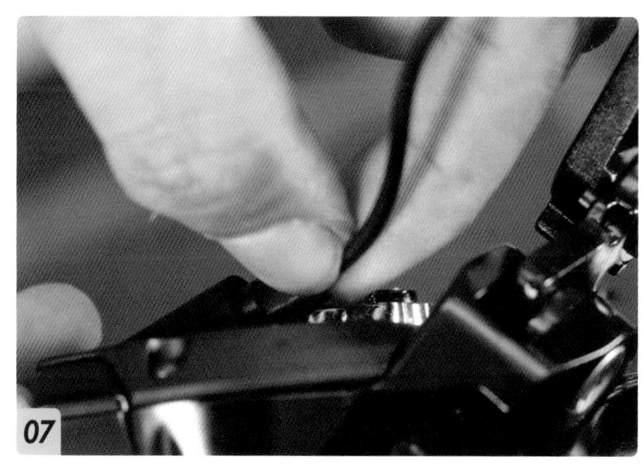
07

端子をセットしたら、ゴムカバーをリアディレーラーに嵌め込みます

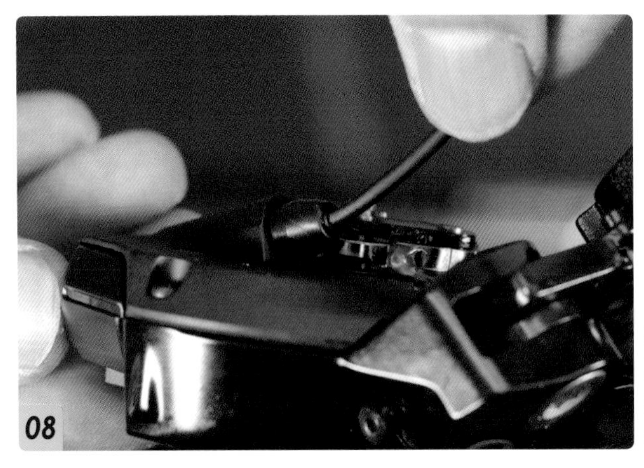

ゴムカバーはこのように、エレクトリックワイヤーの接続部を保護するようになっています

エレクトリックワイヤーの端子をリアディレーラーに接続したら、エレクトリックワイヤーケーブルガイドに通します

余分なエレクトリックワイヤーを、チェーンステーに押し込みます

フロントディレーラーの組み込み

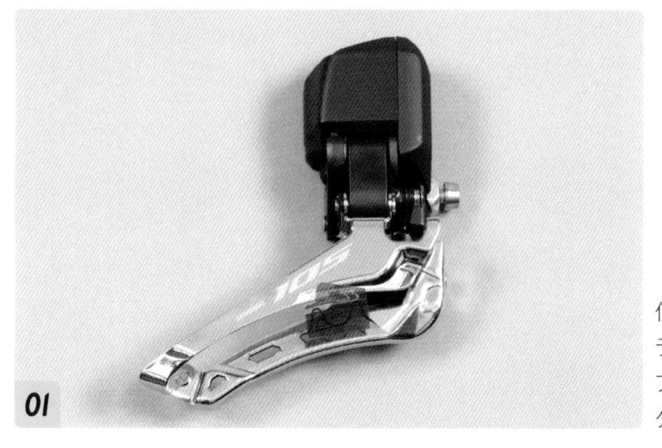

使用するフロントディレーラーは105のFD-R7150で、フレームに合わせた直付けタイプです

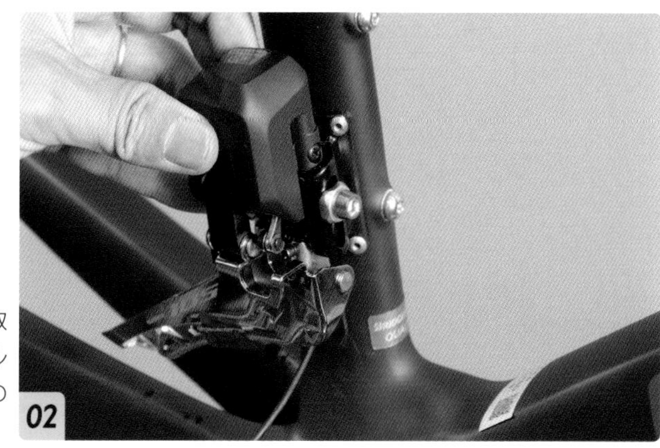

今回使用するフレームは取り付け台座がサポートボルトの当たる位置まであるので、そのまま取り付けます

POINT

サポートボルトが直接フレームに当たる場合は、付属のサポートプレートをボルトの当たる位置に貼り付けます。また、取り付け台座の無いフレームの場合は、別売りのバンドアダプターをシートチューブに取り付ける必要があります

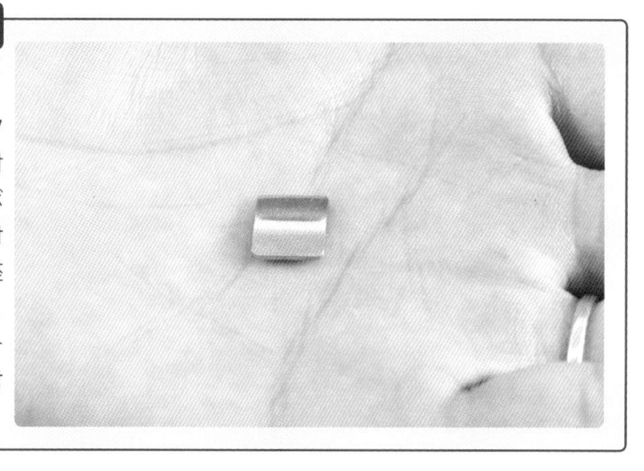

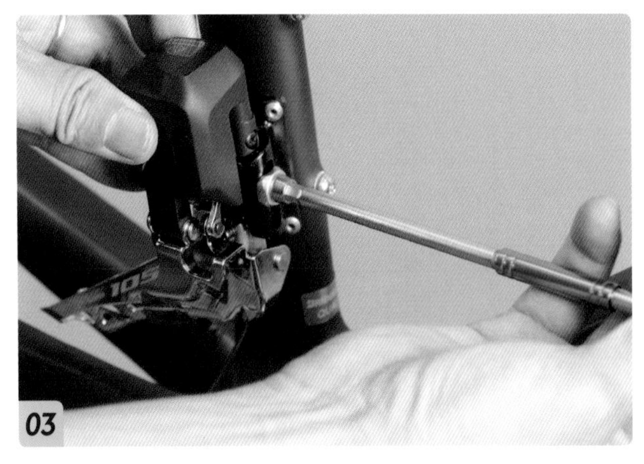

フロントディレーラーの取り付けボルトを軽く締め、仮留めしておきます

フロントディレーラー用のエレクトリックワイヤーに、プラグカバーを取り付けて写真のような状態にします

エレクトリックワイヤーを、E-TUBEポートに接続します。ここはプラグツールを使わずに、クリック感があるまで指で押し込みます

エレクトリックワイヤーを、E-TUBEポートに接続し、エレクトリックワイヤーが出過ぎている場合はシートチューブに押し込んで調整します

フロントディレーラーはクランクを取り付ける際に調整するので、仮留めの状態にしておきます

バンドアダプターの締め付けトルクに注意

カーボンフレームにバンドアダプターを使用してフロントディレーラーを取り付ける場合、バンドアダプターの取り付けには必ずトルクレンチを使うようにしましょう。フロントディレーラーは力のかかる部品なので締め付けトルクが低ければすぐに調子が狂ってしまいますし、仮留めの段階でもオーバートルクで締め付けてしまうとカーボンフレームは割れてしまう可能性があります。シマノの指定では、バンドアダプターの締め付けトルクは5-7N・mとなっているので、仮留めであっても必ずその範囲内のトルクで固定するようにしましょう。

ハンドルとレバーの組み込み

12速化されたDi2最大の特徴とも言えるのが、変速システムのワイヤレス化です。シフケーブルやシフト用のエレクトリックケーブルが必要ないため、組み込みは格段に容易になっていると言えるでしょう。接続するのは前後のブレーキホースのみとなりますが、ここではハンドルの組み込みと、デュアルコントロールレバーの取り付けまでを紹介していきます。

基本的な組み込み方

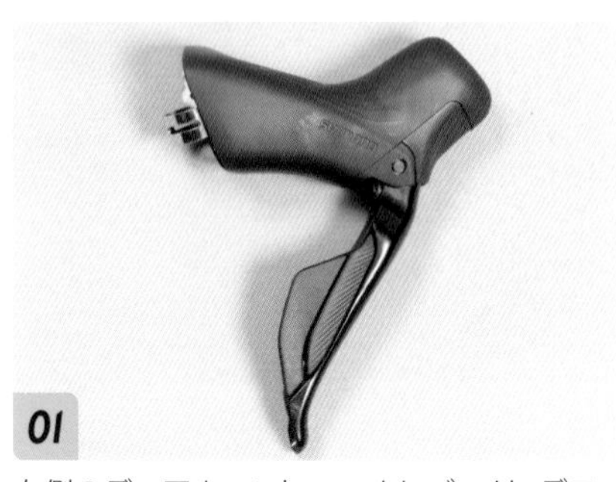

01
右側のデュアルコントロールレバーは、デフォルトではリアの変速に設定されています

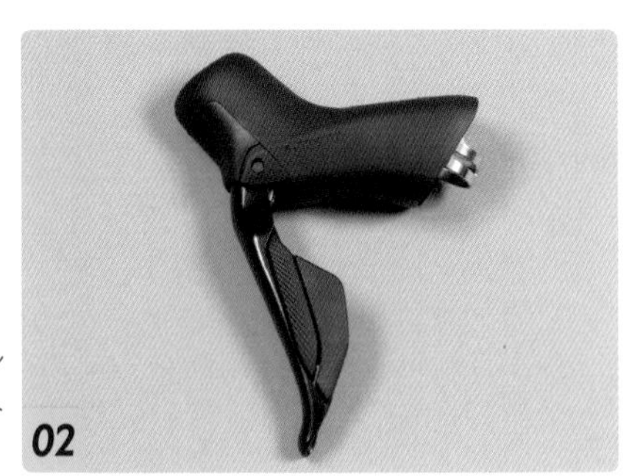

02
左側のデュアルコントロールレバーは、デフォルトではフロントの変速に設定されています

03
今回ハンドルバーは外装タイプを使用します。外装式から内装式に変更する場合はブレーキホースの切断が必要になるので部品のチョイスに注意しましょう

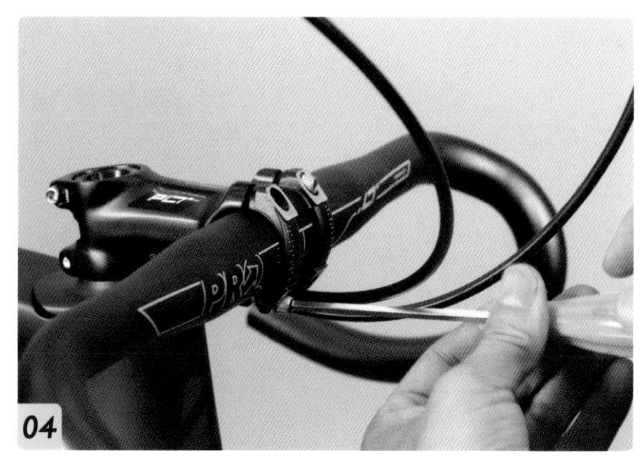

ハンドルバーをステムのクランプにセットします。4本のボルトは、対角線で均等に締め込んでいきます

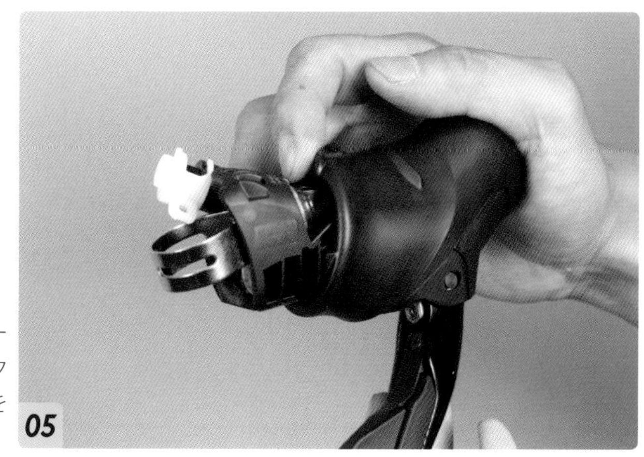

デュアルコントロールレバーのカバーを前方にめくり、クランプの締め付けボルトを露出させます

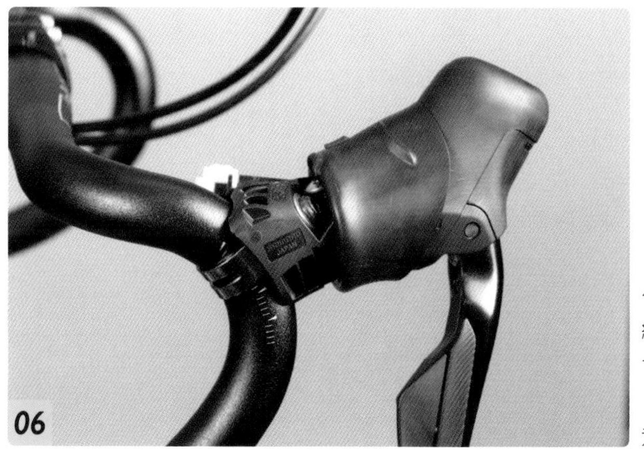

クランプ締め付けボルトを緩め、ハンドルバーに通します。クランプの締め付けボルトを緩めすぎないように注意しましょう

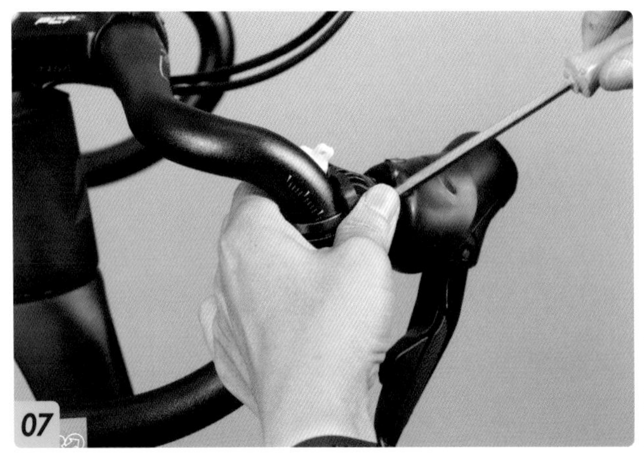
07

ハンドルにデュアルコントロールレバーのクランプを通したら、おおよその位置で仮留めします

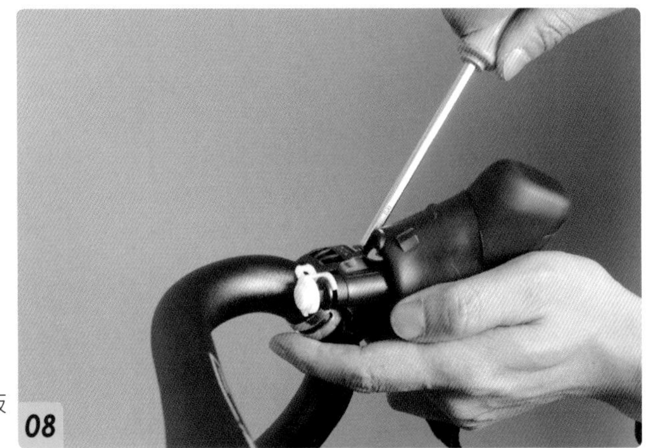
08

反対側も同様にセットし、仮留めします

POINT

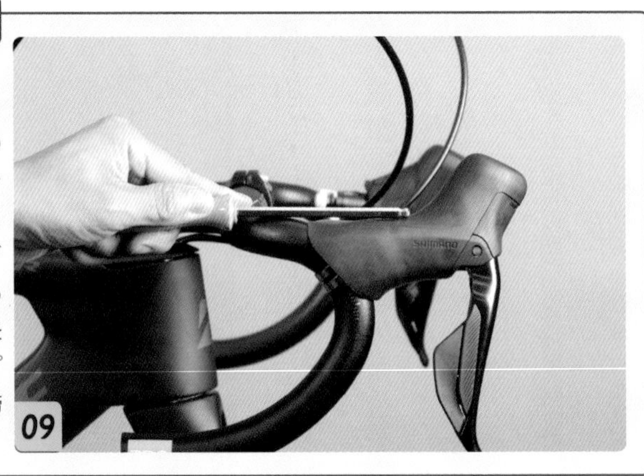
09

まずハンドルの位置を合わせ、デュアルコントロールレバーの位置を調整します。レバーはこのように、ハンドルの上側と同じ位置にするのが標準的です。位置を決めたら、ハンドルのクランプとレバーのクランプを本締めします

片側のデュアルコントロールレバーの位置を決めたら、ハンドルバーのエンド部分からクランプまでの距離を測ります

反対側のハンドルバーエンドからクランプまでの距離を、計測した数値に合わせて本締めします

ブレーキホースをハンドルバーに沿わせ、ビニールテープで仮留めしておきます

ブリーディングスペーサーのセット

ディスクブレーキはディスクローターをセットしていない状態でブレーキレバーを握ってしまうと、ピストンが出過ぎて戻らなくなってしまう可能性があります。それを防ぐためのパッドスペーサーが付属していますが、ここでは今後の作業のために、より確実にピストンが出るのを防ぐことができる、パッドを外して装着するブリーディングスペーサーをセットします。

01
ブレーキキャリパーからパッドを外し、ブリーディングスペーサーをセットします

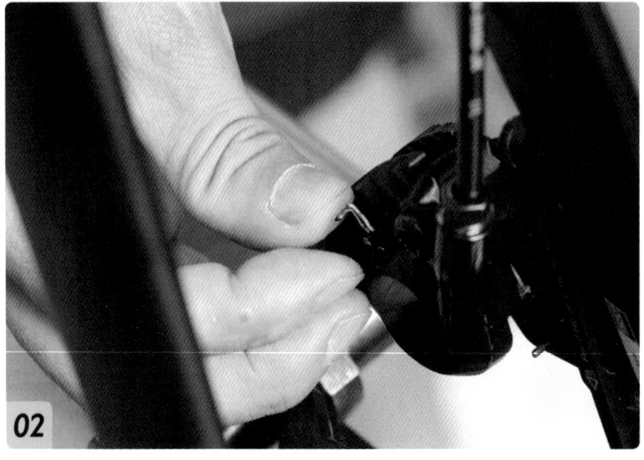

02
パッド軸(ブレーキパッドのスライドピン)を留めている、スナップリテーナーを引き抜きます

パッド軸の根本部分はネジが切られており、キャリパーボディにねじ込まれています。アーレンキーでパッド軸を回し、ネジを緩めます

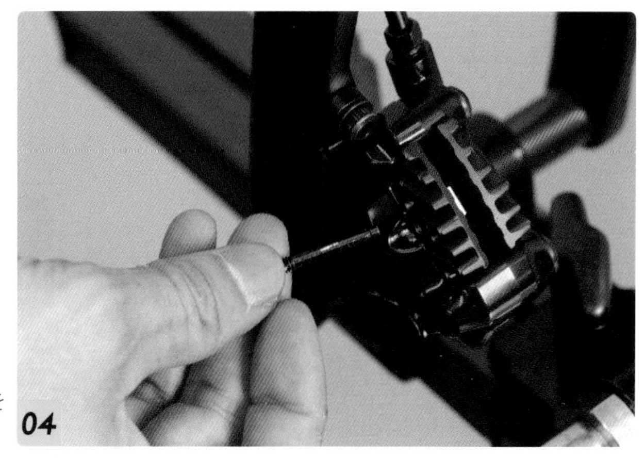

ネジを緩めたら、パッド軸を引き抜きます

パッド軸を引き抜くと、パッドを外すことができます。パッドは2枚で、間に板状のパッド押さえスプリングがセットされているので落とさないように注意します

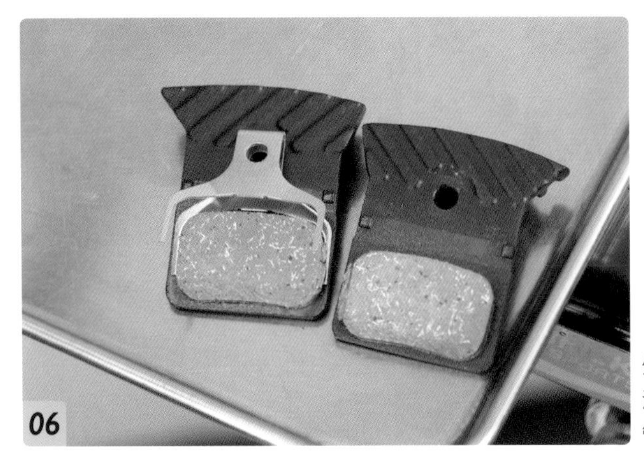

外したブレーキパッドです。油分が付着しないように保管しておきます

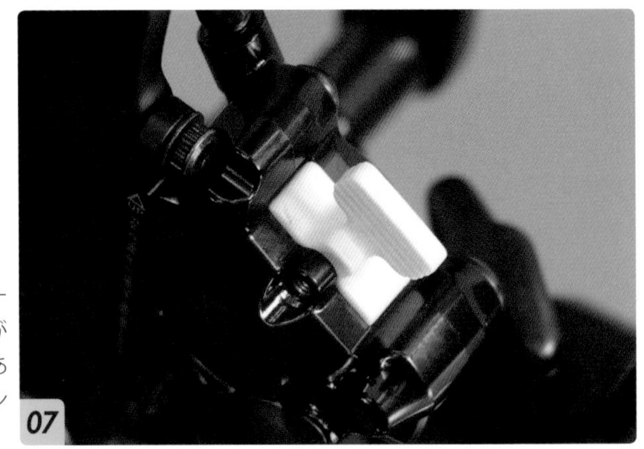

ブリーディングスペーサーをセットします。ピストンが出ていると入らないことがあるので、その場合はピストンを戻してからセットします

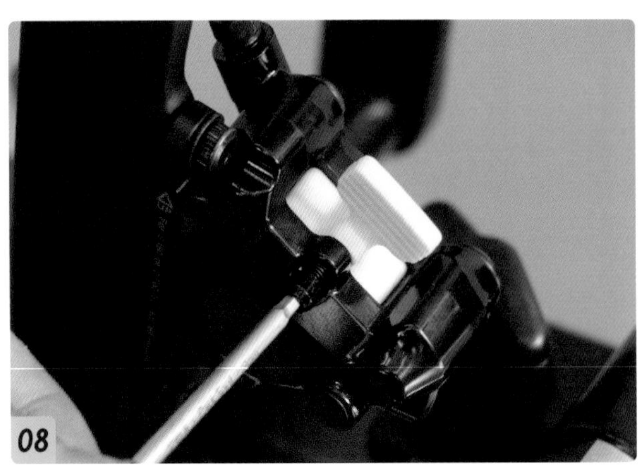

パッド軸をセットし、軽く締めておきます

ディスクブレーキの恩恵とは

レース用の入門グレードと呼ばれてきたシマノ105が、Di2化と共にディスクブレーキオンリーとなったことで、レースにおいてはディスクブレーキが標準になったと言わざるをえません。長く使い続けられてきたキャリパーブレーキですが、今後出てくるフレームは基本的にディスクブレーキ仕様となっていくことになるでしょう。

ディスクブレーキのメリットは利きの良さはもちろん、メンテナンス性の良さなども挙げられます。そして最大のメリットとも言えるのが、使用できるタイヤの幅の拡大です。キャリパーブレーキ時代においては23Cが基本であり、これはタイヤを挟み込むというブレーキキャリパーの構造に起因するものでした。それに対してホイールのハブ部分に取り付けられるディスクローターを挟んで制動力を発生するディスクブレーキでは、その制約から離れることができたためワイドリム化が可能となり、30Cなどのより太いタイヤが使用できるようになったのです。より太いタイヤを使用することによるエアボリュームの増大によって、空気圧も従来よりも低く設定されるようになり、グリップや乗り心地などが向上し、より快適で戦闘力の高いバイクに仕上がっているのです。

ディスクブレーキはカーボンフレーム以来、ロードバイクを新しい次元へと進化させる最大のキーアイテムとなったと言って良いでしょう。

ブレーキホースの接続

油圧式ディスクブレーキはレバーからの入力を、ブレーキホース内のブレーキオイルを介してブレーキキャリパーへと伝えています。J-キットの場合はこのブレーキオイルがホース内に満たされた状態になっており、レバーと接続するだけで基本的にはブレーキが利くようになります。ただし、カットして使用する場合は多少エアが入るので、エア抜き作業（p.59～）が必要になります。

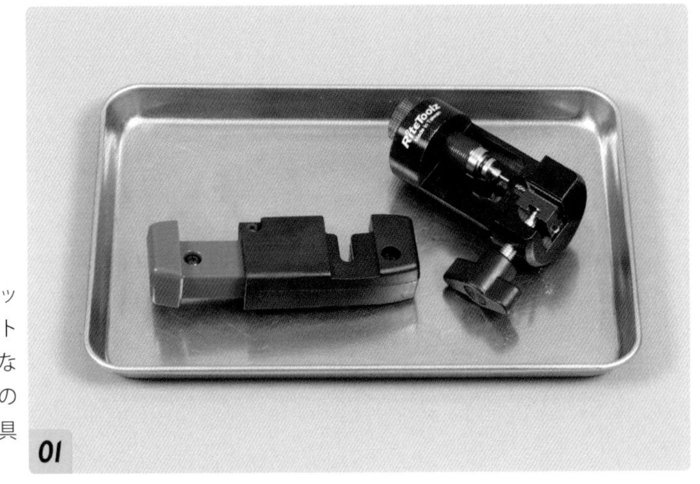

ブレーキホースカット用の工具と、セット用の工具が必要になります。この二つの機能を併せ持つ工具もあります

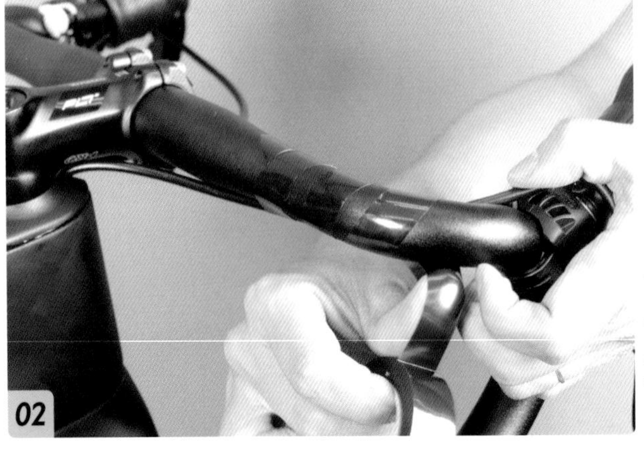

ブレーキホースの長さを決めるために、ブレーキホースをセットする位置を決めて、ビニールテープで固定します

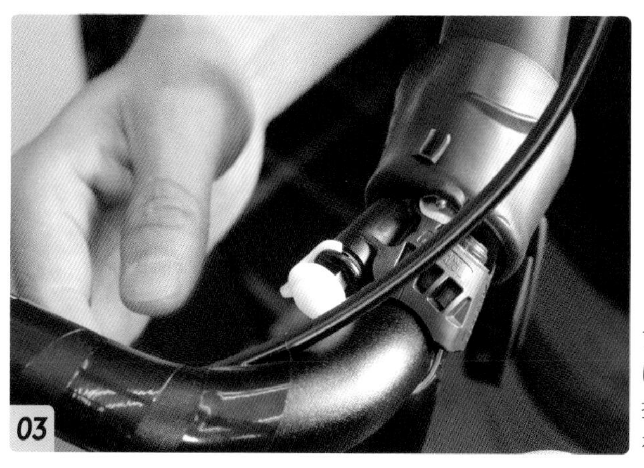

ブレーキホースをハンドルにピッタリ沿わせ、ホースの接続部の位置に確認用の印を付けます

03で印を付けたホースの接続部の位置+21mmの位置を測って印を付けます

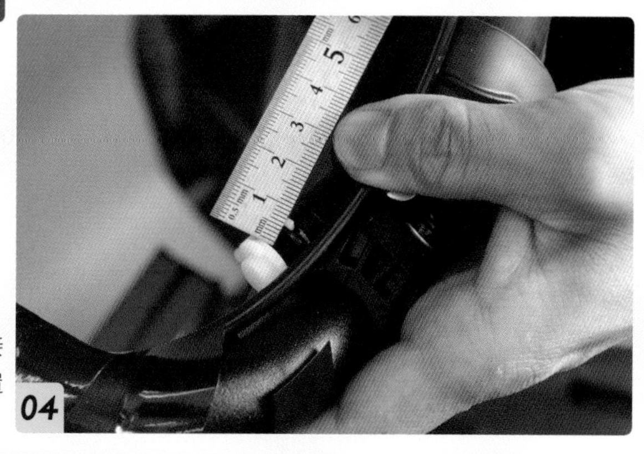

04で付けた印の位置がブレーキホースをカットする位置なので、ホースをカットする位置に刃を合わせて工具をセットします

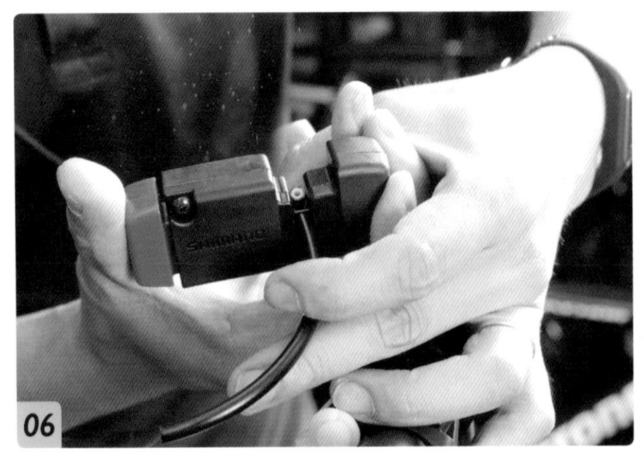

工具のレバーを押し込んで、ブレーキホースをカットします。オイルが出る場合があるので、注意します

ブレーキホース接続用の工具に、ブレーキホースをセットします

ブレーキホース接続用の工具に、コネクターインサートをセットします

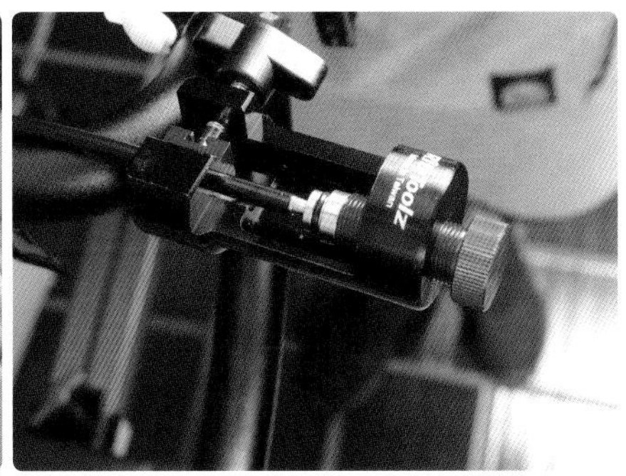

ブレーキホースとコネクターインサートの先端の位置を合わせ、工具のノブを回してコネクターインサートをブレーキホースの切り口に挿入します

レバー側のホースの接続部には、コネクティングボルトがセットされています

POINT

これはオリーブと呼ばれ、コネクターインサートとセットで使用される部品です。コネクティングボルトを締めることによってこのオリーブが潰れ、気密性を出すことができます。J-キットの場合はレバー側にプリセットされているので、使用しません

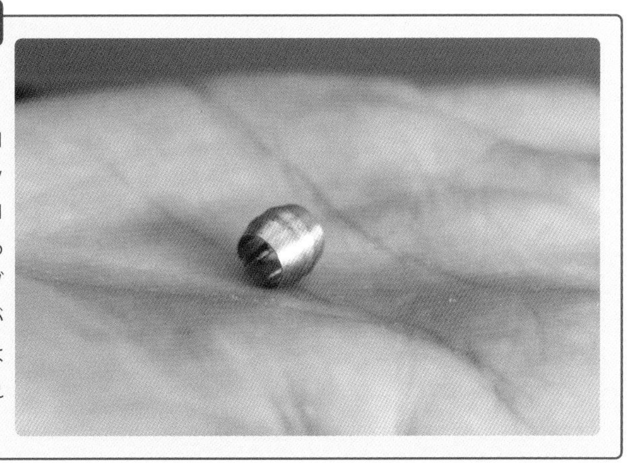

コネクターインサートをセットしたホースを、レバーの接続部(コネクティングボルトの中央にある穴)に差し込みます

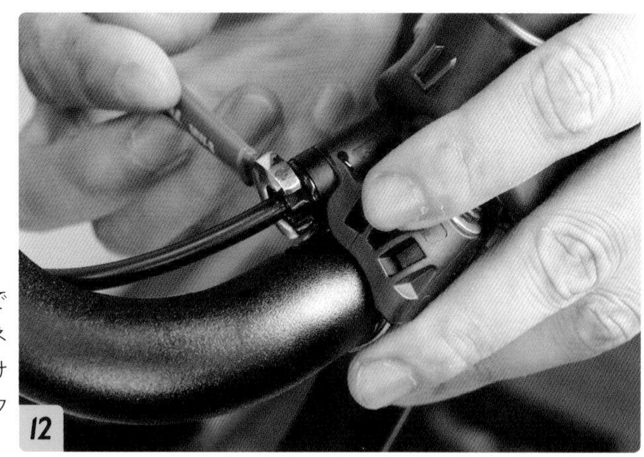

03で付けた確認用の印までホースを差し込んだら、コネクティングボルトを締め付けます。規定の締め付けトルクは5-6N・mです

ブレーキホースの接続はこれで完了です。反対側も同様に作業します

ブレーキのエア抜き

ブレーキホースを接続した際に、多少の空気がホース内に入ることがあります。ホース内に空気が残っていると、ブレーキの利きに影響が出るため、空気を抜く必要があります。ホースを接続した際に入った空気は、レバー周りに残っているので、ここではレバー周りのエア抜きの方法を紹介します。ブレーキオイルは必ずシマノの専用ミネラルオイルを使用します。

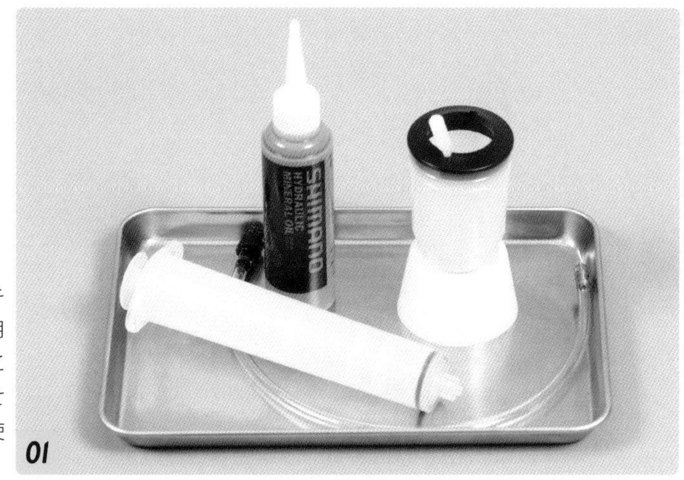

01

シマノ製のブレーキオイルと、エア抜き用のツールです。ここでは注射器は使用せず、じょうごのみを使用します

02

デュアルブレーキレバーのカバーをめくり、ブリードねじを露出させます

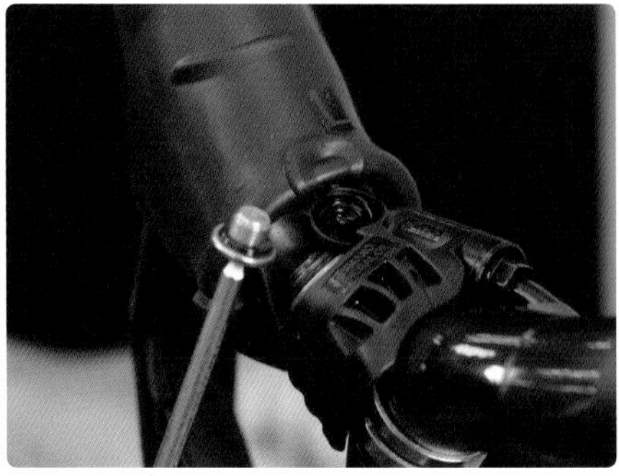

ブリードねじをアーレンキーで緩めて外します。ブリードねじの下にはOリングが入っているので、落とさないように注意します

ブリードねじを外すと、このようにブリーディング用の口があきます

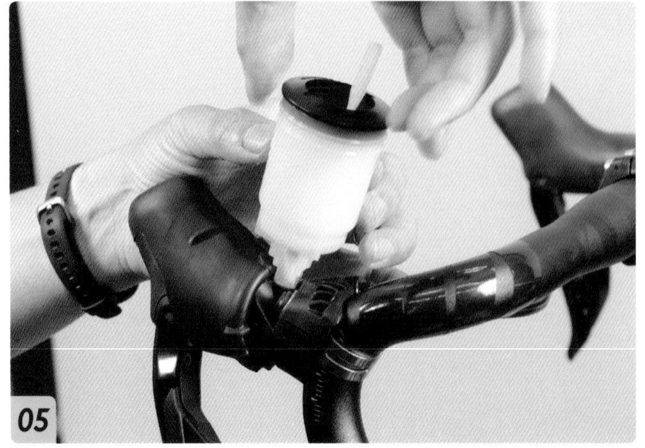

04であけたブリーディング用の口に、じょうごをねじ込んで取り付けます

06

じょうごにブレーキオイルを入れます。入れすぎないように注意しましょう

07

ブレーキオイルをじょうごに入れたら、じょうごの栓（棒状の部品）を引き抜きます

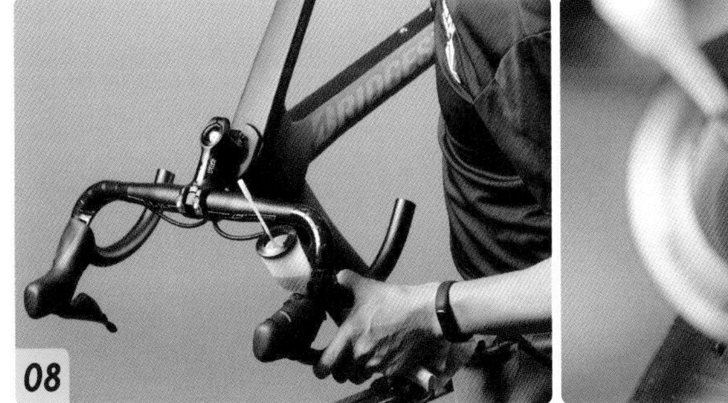

08

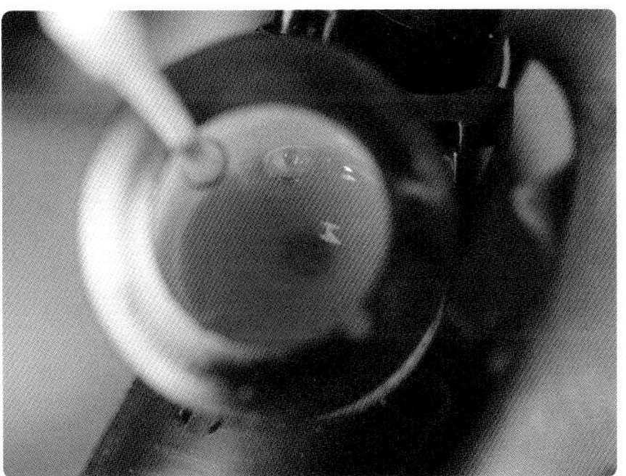

車体を前に傾けて（じょうごの縁が地面と20°になる角度が目安です）、レバーを操作します。エアがホース内に入っていると、じょうごの中に気泡が出てきます。組み込み時に入ったエアは、これで出せます

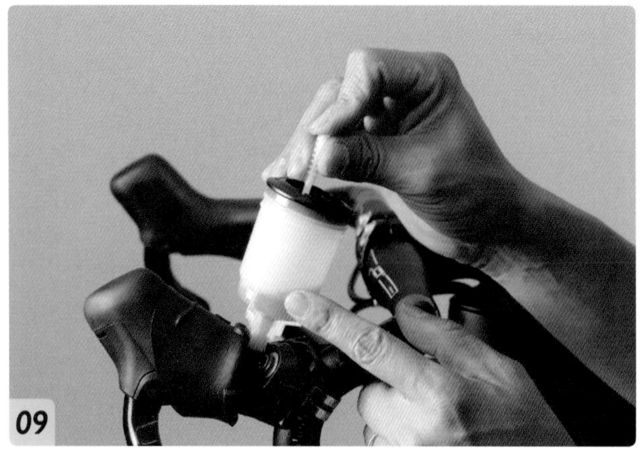

ホース内のエアが出たら、じょうごの栓を元通りにセットします

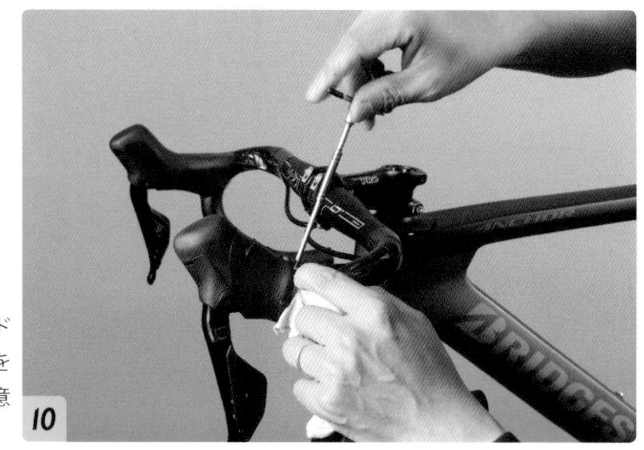

じょうごを外して、ブリードねじを締めます。Oリングをセットし忘れないように注意します

反対側も同様に作業し、エアを抜きます。注射器を使用して、よりしっかりとエアを抜く方法は（p.150〜）で紹介しています

ブレーキパッドの組み込み

ブレーキホースを接続したら、ブリーディングスペーサーを外してブレーキパッドをセットします。ブレーキパッドは左右が決まっているので、取り付ける際に向きを間違えないように注意する必要があります。また、パッドを装着したら、ブレーキローターをセットするまでパッドスペーサーをセットしておきます。この一連の作業は、ブレーキパッドの交換作業の基本となります。

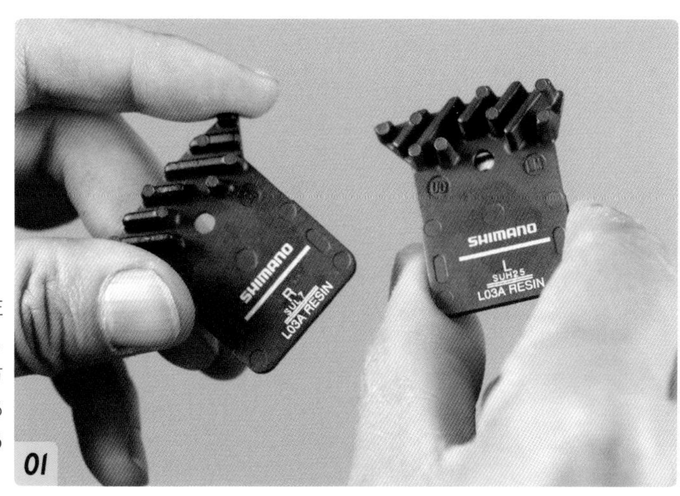

ブレーキパッドは左右が決まっています。Rのマークがある方が右、Lのマークがある方が左にくるようにセットします

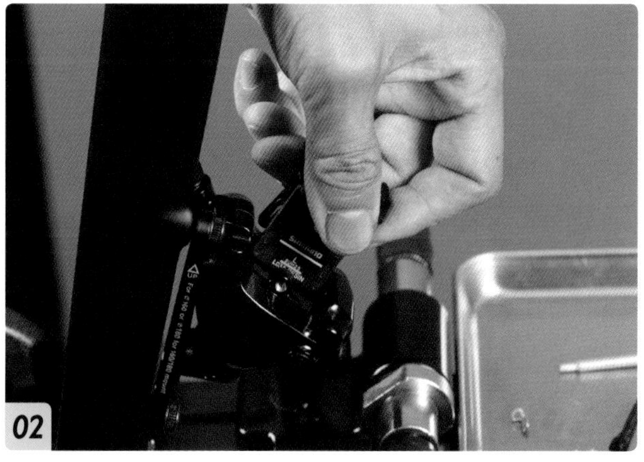

キャリパーからブリーディングスペーサーを外します。パッドの取り付けの向きを確認したら、2枚のパッドの間にパッド押さえスプリングをはさんだ状態でキャリパーにセットします

キャリパーとパッドの穴位置が合う場所までパッドを差し込みます

パッドとキャリパーの穴位置が合っていることを確認し、パッド軸をセットします

アーレンキーでパッド軸をねじ込み、固定します

06

パッド軸の先端にスナップリテーナーをセットします

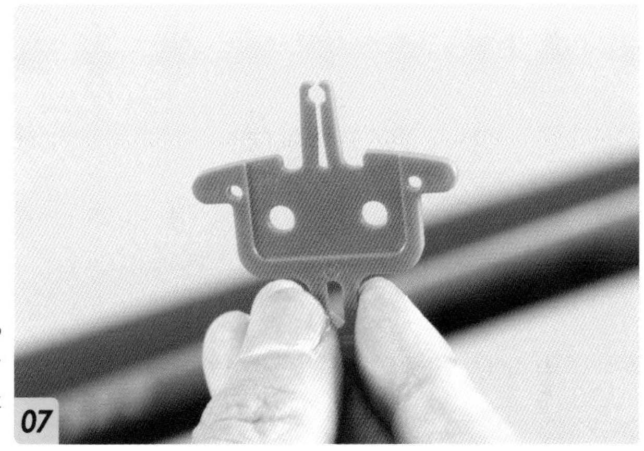

07

キャリパーに付属しているパッドスペーサーは、パッド同士が当たるのを防ぐためのものです

08

パッドの間にパッドスペーサーをセットし、ピストンが出るのを防いでパッドを保護します

BB の組み込み

BB（ボトムブラケット）をセットするBBシェルにはいくつか規格があります。まず、圧入式（スレッドレス）とネジ式（スレッド）があり、現在は圧入式が主流になりつつあります。ネジ式はBSA（JISやBSCも同じです）とITAの2種類がほとんどですが、圧入式には様々な規格が混在しています。BBを用意する際には、使用するフレームを確認して、規格に合った物を用意する必要があります。

01

今回使用しているフレームは、PF86というシマノが開発した規格の圧入式BBシェルを採用しているため、BBもこの規格に合った物を使用します

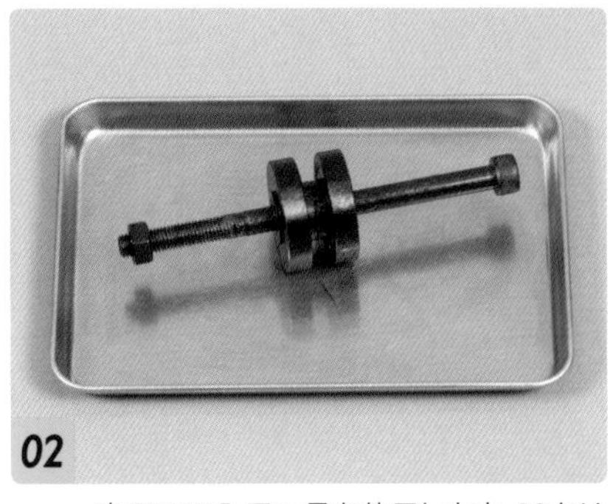

02

専用の圧入用工具を使用します。BBをはさむ形でセットし、ねじ込んでいくことでBBを圧入します

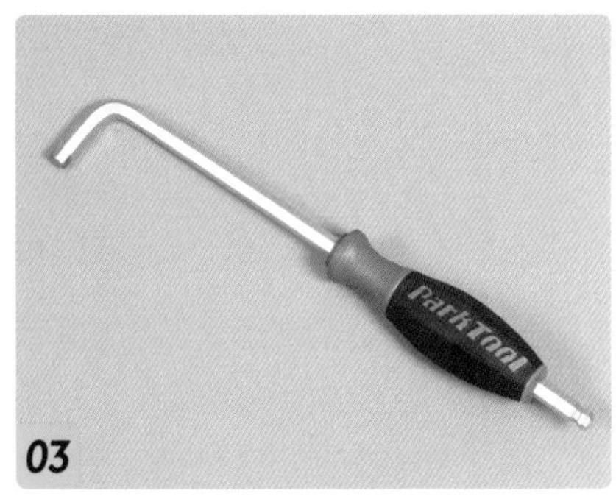

03

圧入用工具を締め込んでいくのには、ある程度力をかけることができる大きめのアーレンキーが必要です

POINT

BBには左右があり、LとRのマークで確認するようになっています。取り付ける前に確認し、左右を間違えないように注意します

BBをセットする前に、BBシェルの内側にグリスをしっかり塗ります

BBシェルにBBを組み込んでいきます。BBの左右を間違えないように、再度確認してからセットします

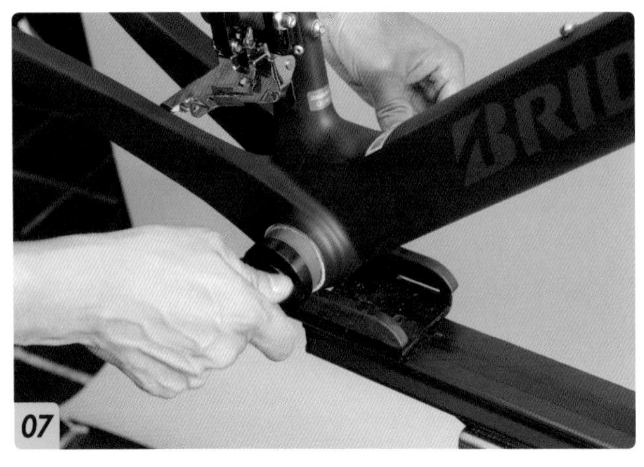

圧入用工具を分解し、BBに通してセットします

圧入用工具にアーレンキーをセットして締め込んでいき、BBがフレームと面一になるまで圧入します

圧入式BBについて

圧入式BBの規格は数が多いので、必ずフレームメーカーに正確な規格を確認するようにします。同じような名前や同じような寸法でも、互換性が無いのが基本です。ねじ込み式はBSAとITAのどちらかしかほぼ無かった訳ですから、手間が増えたと言える部分です。シマノ製のBBは今回使用している幅86.5mmのPF86規格のみとなるので、他の規格のフレームを使用する場合はそのフレームメーカー純正か、サードパーティ製の物を使用することになります。使用するクランクとのフィッティングもあるので、フレームの規格と合わせて確認するようにしましょう。

クランクの組み込み

クランクに関しては従来の機械式と大きく変わる部分が無く、組み込み方にも大きな変更はありません。クランクのシャフトをBBにセットする際に少し入りにくいことがありますが、無理に力をかけるとトラブルの原因になるので注意が必要です。また、極めて基本的なことですが、クランクは左右180°向きを変えて取り付けることになるので確認をしてください。

今回クランクは、アルテグラグレードのFC-R8100を組み込みます

チェーンリングの歯数

12速用のクランクはデュラエース、アルテグラ、105のいずれでも互換性があります。チェーンリングの歯数は105とアルテグラが50/34Tか52/36T、デュラエースはそれに加えて54/40Tがラインナップされています。

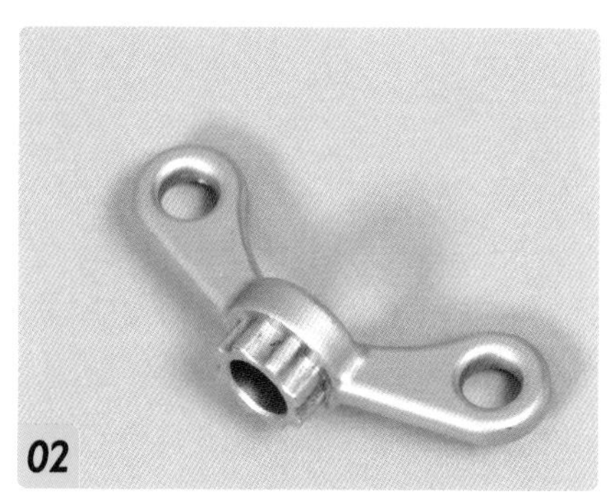

クランクのセンター部分のキャップは特殊形状なので、組み込む際には専用の工具が必要になります

クランクのシャフトの表面に、薄めにグリスを塗ります

クランクをフレームの右側からBBにセットします。セットする方向を間違えないように注意します

チェーンリングとフロントディレーラーの接触

フロントディレーラーを先に仮付けしてある状態でクランクを組み込む場合は、クランクを組み込む際にチェーンリングの歯が当たらないことを確認するようにしましょう。フロントディレーラーの取り付け位置が低いと、チェーンリングの歯数によっては当たることがあります。クランクシャフトをBBにセットした時点で、一度フロントディレーラーと当たらないかどうかを確認しておきましょう。クランクが入りにくい時は叩いて入れることもあるので、その際にフロントディレーラーと接触すると破損する恐れがあるので特に注意が必要です。

POINT

クランクをしっかり奥までセットします。最後の部分は入りにくいので、どうしても入らない場合はプラスチックハンマーなどで軽く叩いて入れます

左側のBBから出てきたシャフトの先端に、左側のクランクをセットします

左側のクランクは、右側のクランクと180°方向を変えてセットします。固定する前にしっかり確認しておきます

08

クランクのセンターキャップを締め込みます。このキャップが特殊形状なので、02で紹介した専用の工具が必要です

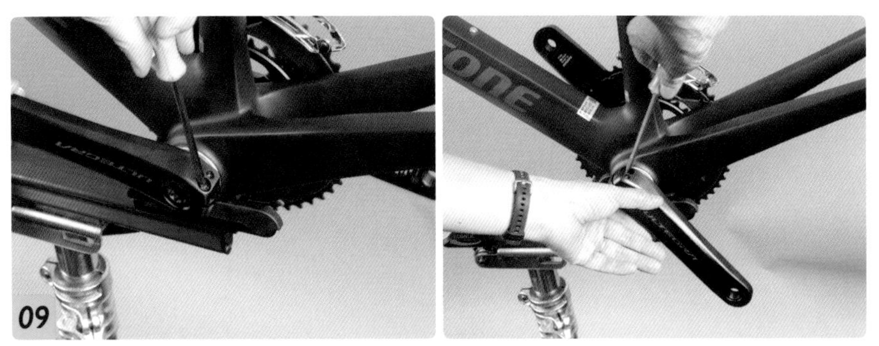

09

クランクの固定ボルトを締め込みます。このボルトは両面にあり、交互に均等に締め込みます。指定の締め付けトルクは12-14N・mです

10

最後にはずれ止めプレートを押し込んでロックし、クランクの組み込みは完了です

チェックリストの有用性

プロのメカニックであっても、途中で作業を止めた場合は何かを忘れることがあります。そうした作業ミスをしないために、ウーノの宮崎氏はチェックリストを使用しています。

ショップの場合は何台かのバイクを同時に作業したり、部品の未着によって途中で作業を止めることが多々あると言います。チェックリストを車体に貼り付けておくことで、そうした中途半端な作業状態のバイクの作業をミスなく再開することができるのです。

ご自身でバイクを組み立てたり、メンテナンスを行なう際にも同様の事態が生じる可能性があるはずです。そんな時にチェックリストを作っておくことで、作業の進行を確認することができるのです。

下の写真で紹介しているのはウーノで使用されているチェックリストですが、チェックシートをどこまで細かく作るかというのは個人の技量や性格などによって異なるので、自分が確実に確認を行なうことができるように考えて作るのが良いでしょう。また、部品の締め忘れなどがないように、作業の最終確認用としてチェックリストを使用するのもおすすめです。

ロードバイクを自分で組み立てたりメンテナンスする場合、公道を走行する乗り物である以上、安全性を確保するために確実な作業が求められます。その安全性を確保するために、チェックリストは有用と言えるでしょう。

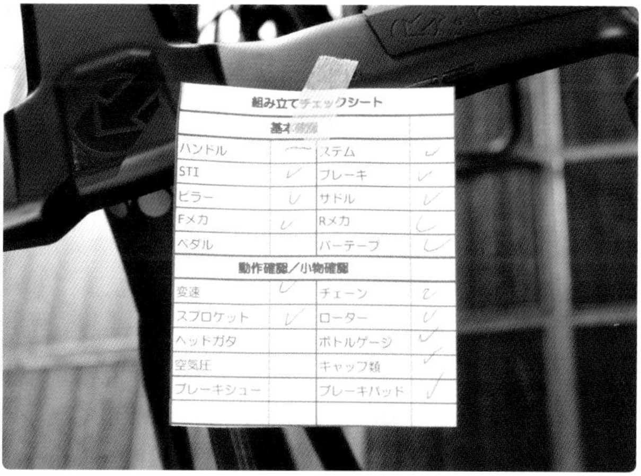

ウーノで通常使用しているチェックリスト。プロ用のため部品名だけで、何をチェックするかまでは書かれていません。参考にして、自分なりのチェックリストを作成してみてください

フロントディレーラーの位置調整

クランクを取り付けたら、フロントディレーラーの取り付け位置を調整します。取り付け位置の調整はアウターチェーンリングとの位置関係で行なうので、クランクの取り付け後に行なうことになるのです。調整するの箇所は2ヵ所あり、ひとつはチェーンガイドの外プレートとアウターチェーンリングの歯の隙間、もうひとつは外プレートとアウターチェーンリングの面の位置です。

01 フロントディレーラーの取り付けボルトを緩め、位置を調整します

POINT

指示ステッカーに合わせて、チェーンガイドの外プレートとチェーンリングの歯の間隔を調整します

02 チェーンリングとの隙間を調整したら、サポートボルト（丸印の奥にあります）を回してチェーンガイドの位置を調整します

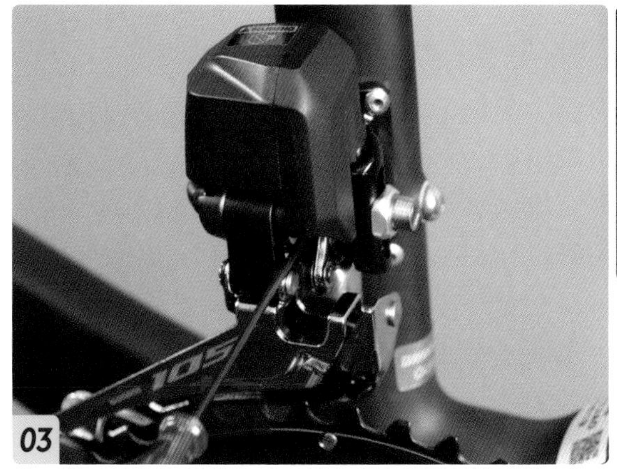

サポートボルトを右に回すと外側に、左に回すと内側にチェーンガイドが動きます

外プレートの平らな面とアウターチェーンリングの面が揃うように調整し、アーレンキーなどのまっすぐな物を当てて確認します

フロントディレーラーの調整を終えたら、5-7N・mのトルクで締め付けます

スプロケットの組み込み

105グレードのスプロケットは、11-34Tと11-36Tの2種類がラインナップされ、アルテグラとデュラエースでは11-30Tと11-34Tの2種類がラインナップされています。アルテグラとデュラエースには変速性能を向上する「ハイパーグライド+」が導入されています。

12速用のスプロケットは、12速と11速に対応したホイールに組み込むことができます

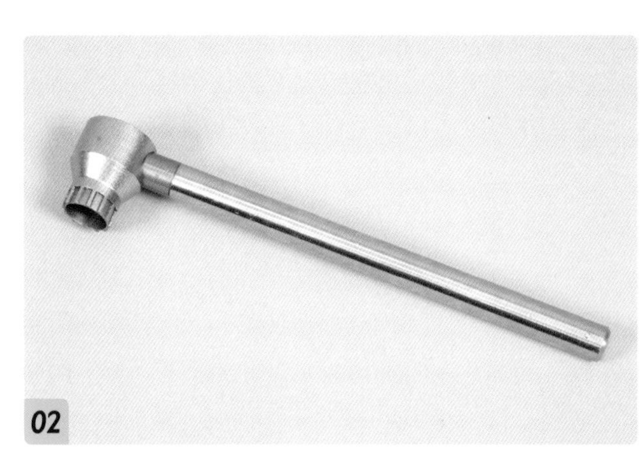

スプロケットを固定するためには、ロックリング工具と呼ばれる専用工具が必要になります

スプロケットをセットする前に、フリーハブボディの表面に、グリスを塗ります

新品のスプロケットはホルダー（樹脂製の筒）にセットされています。これを外すとスプロケットがバラけるので、12速（最小）ギア以外をホルダーにセットしたままフリーハブボディにセットします

ホルダーにセットしたまま溝の位置を合わせ、スプロケットをスライドさせてフリーハブボディにセットします

スプロケットをフリーハブボディにセットすると、ホルダーが残って外れます。こうすることで、スプロケットをスムーズにセットできます。

11速（最小から2つめ）ギアには、12速ギアとの合わせ位置になる溝が設けられています

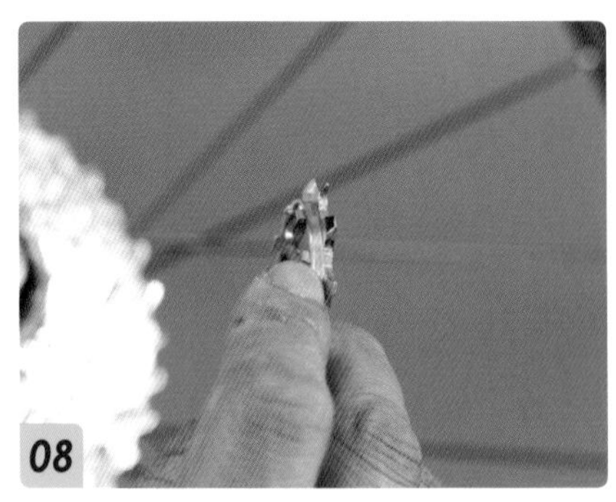

12速ギアには、11速ギアとの合わせ位置になる突起が設けられています。この位置を合わせて、12速ギアをセットします

12速ギアをセットしたら、ロックリングを手で締め込める所まで締め込みます

ロックリング工具を使って、ロックリングを本締めします。ロックリングの締め付けトルクは30-50N・mに指定されています

システムのペアリング

ここでリアディレーラー、フロントディレーラー、デュアルコントロールレバーをスマートフォンのアプリである「E-TUBE PROJECT Cyclist」を介してペアリングさせておきます。各部品をペアリングすることで、デュアルコントロールレバーでディレーラーを操作することができるようになります。これは、この後のチェーンの長さを決める際に、フロントディレーラーを操作する必要があるためです。

01

リアディレーラーのファンクションボタンを操作することで、ペアリングなどの様々な操作ができるようになっています

02

シマノが供給するアプリ「E-TUBE PROJECT Cyclist」を起動し、LEDが青色の点滅になるまでファンクションボタン長押しします

アプリがリアディレーラーを認識しています（※ここでは撮影車両の関係上RD-R8150を認識しています）

「登録」をタッチすると、ペアリングを要求する画面が出るので「ペアリング」をタッチしてリアディレーラーを登録します

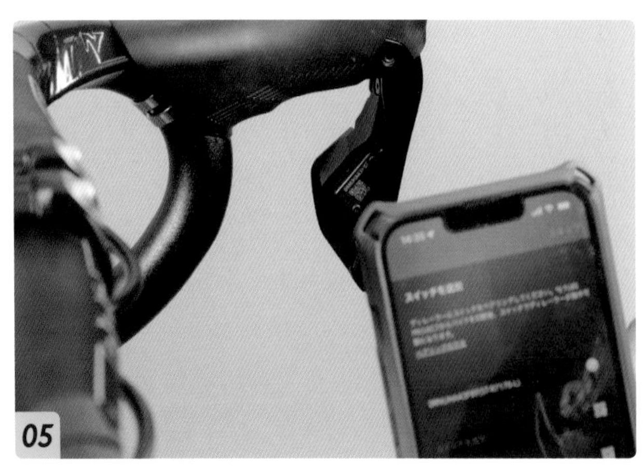

各部品にあるQRコードを読み込みます

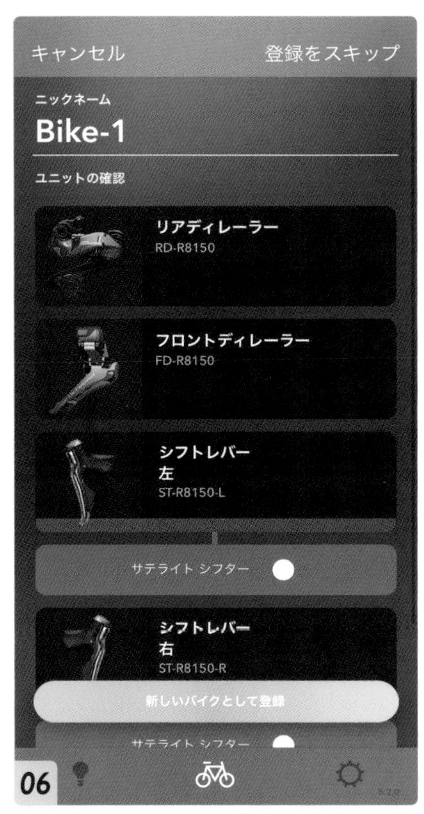

各パーツをアプリが認識した状態です。「新しいバイク」として登録します

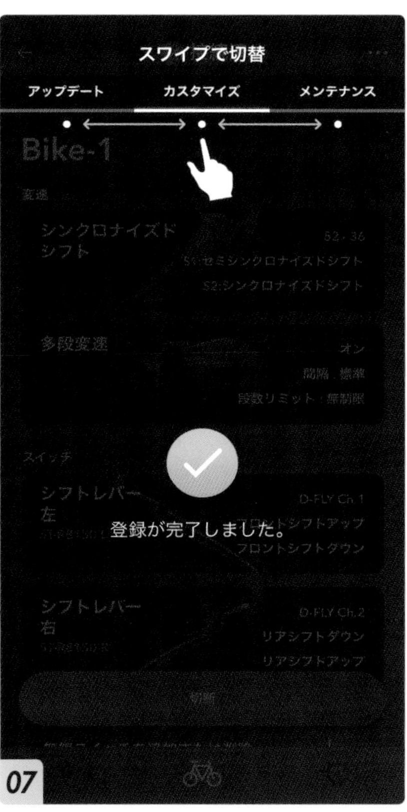

登録が完了したら、各パーツのペアリングは終了です

デュアルコントロールレバーを操作して、前後のディレーラーが正常に作動することを確認します

チェーンの組み込み

チェーンの長さを合わせ、組み込みます。従来のシマノのチェーンはコネクティングピンで接続していましたが、現在は純正でもクイックリンクが設定されています。クイックリンクの場合、ピッタリのチェーンの長さ+2〜3リンク（ピンの位置による）をプラスした長さにカットします。

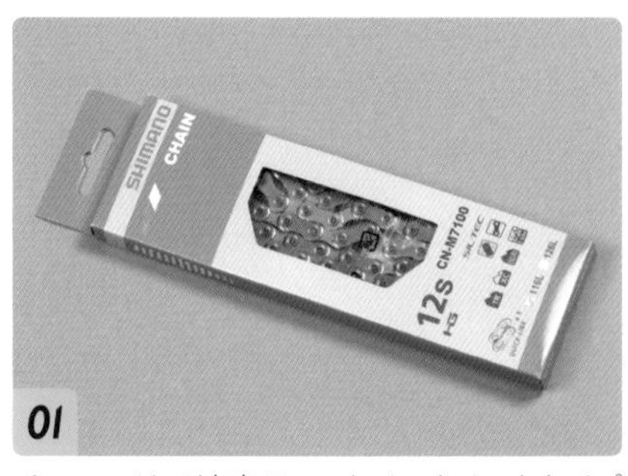

01
チェーンは12速専用の、クイックリンクタイプを使用します

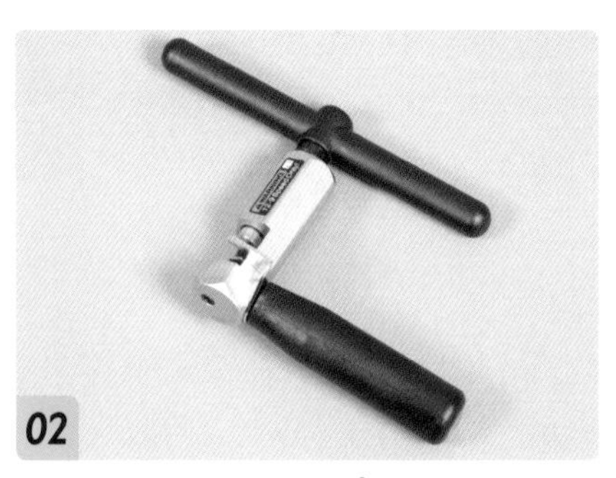
02
クイックリンクタイプのチェーンを使用する場合でも、長さを調整するためにチェーンカッターは欠かせません

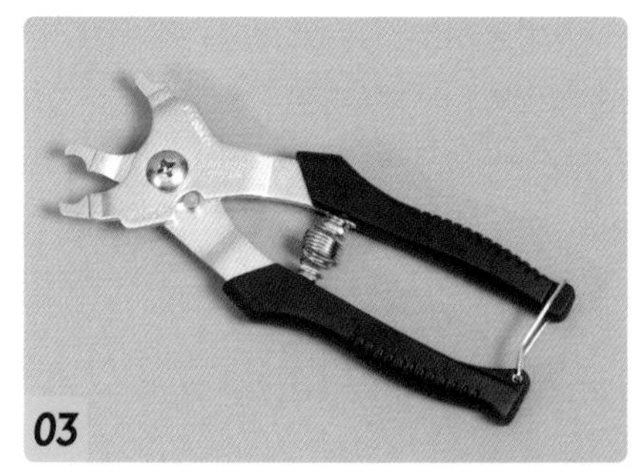
03
クイックリンクの接続と取り外しには、シマノTL-CN10 ロッキングプライヤーを使用します

04
スプロケットを組み込んだリアホイールをセットします（ホイールの脱着方法はp.120〜参照）

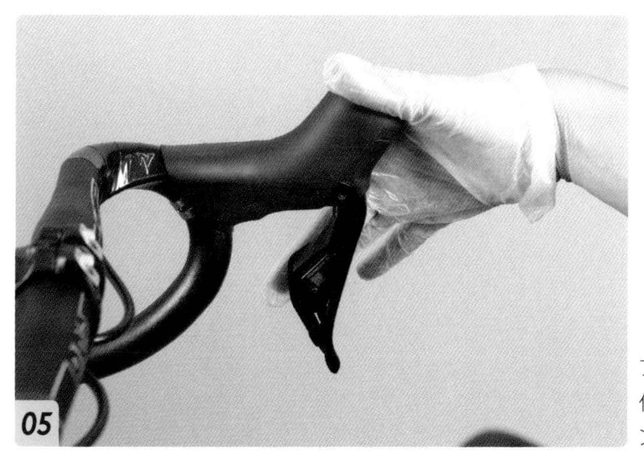

フロントディレーラーを操作して、アウターチェーンリング側に動かします

チェーンには表裏があるので確認します。刻印が入っている側が外に来るようにセットします

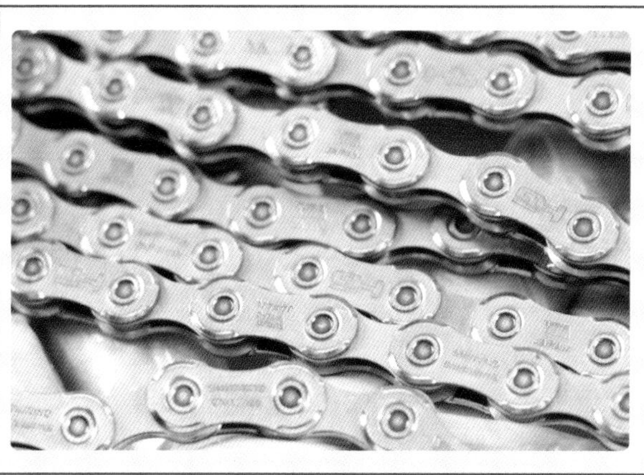

フロントはアウターチェーンリング、リアは最大スプロケットにチェーンをかけてセットします

チェーンの長さを決める際は、リアディレーラーにはチェーンを通しません

チェーンを張っていき、エンド部分と合わさる位置の「ゼロ点」と呼ばれるピンを確認します

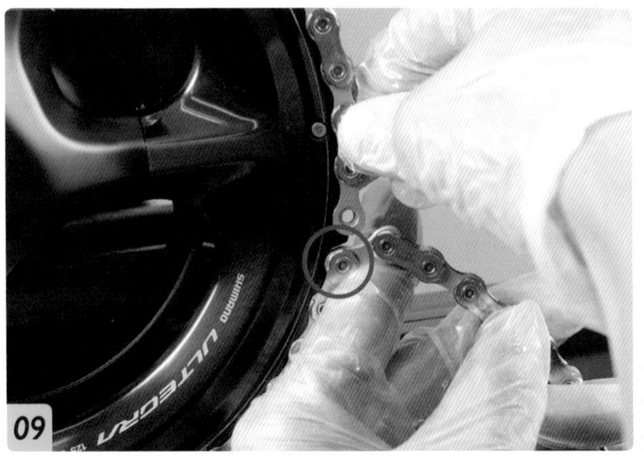

チェーンをできるだけ張った状態で、エンド部と合うのがゼロ点のピンです

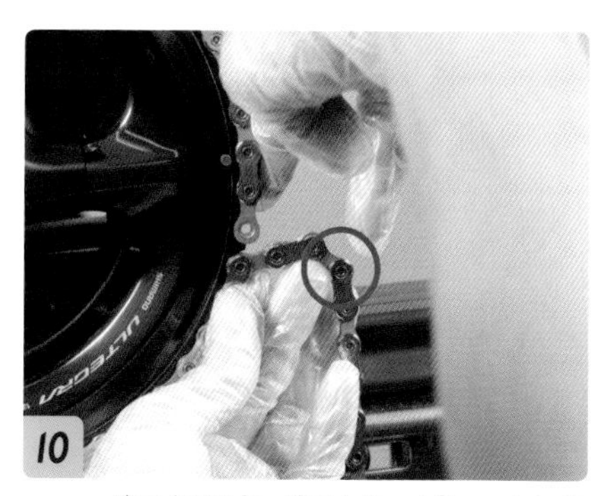

ゼロ点のピンがアウタープレートになる場合は、クイックリンク+3リンクの長さになるようにチェーンをカットします

ゼロ点のピンがインナープレートになる場合は、クイックリンク+2リンクの長さになるようにチェーンをカットします

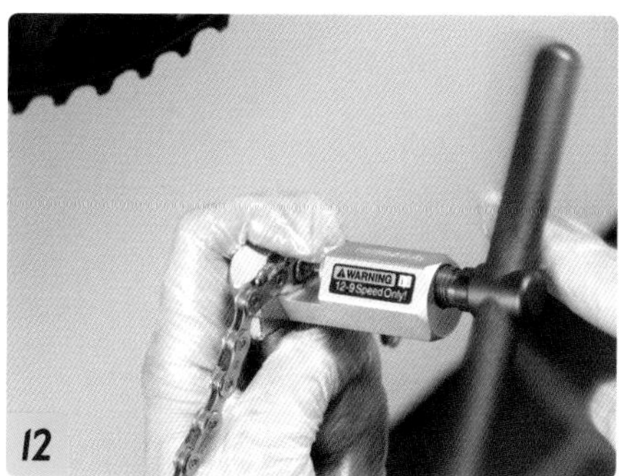

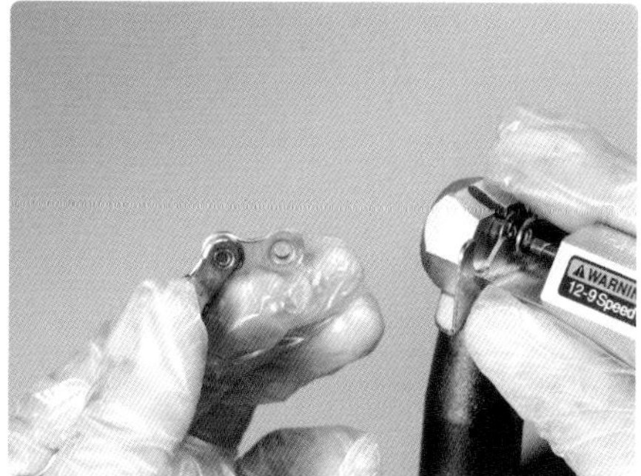

チェーンをカットする位置が決まったら、チェーンカッターを使用してカットします。カットすると基本的に元に戻せないので、しっかり確認してからカットしなければなりません

チェーンをカットしたら、リアディレーラーにチェーンを通します。ガイドプーリーの下にあるチェーン脱線防止板よりも、リアディレーラー本体側に通します

ガイドプーリーとテンションプーリーにチェーンをかけた状態です

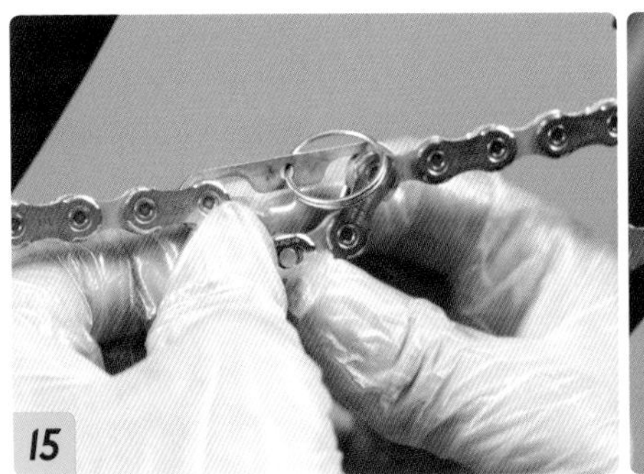

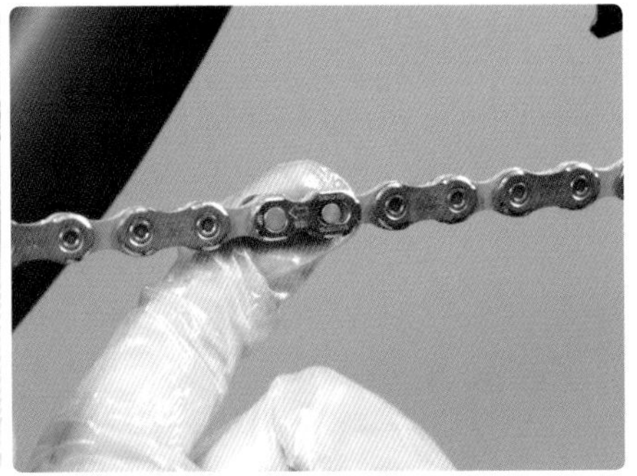

クイックリンクをセットします。写真左のようにフックを使用し、チェーンを少したるんだ状態にして固定するとセットしやすくなります

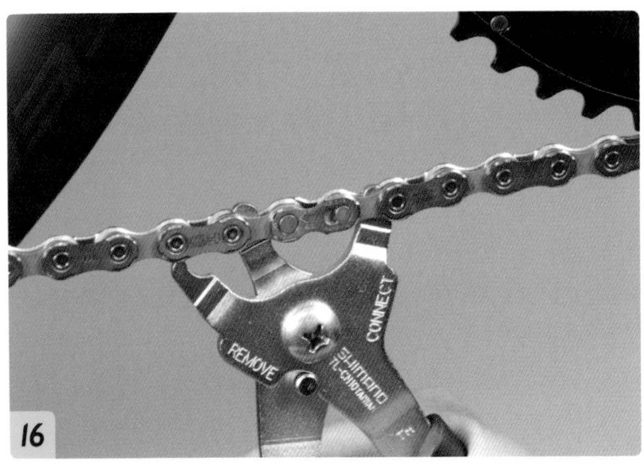

クイックリンクをセットしたら、ロッキングプライヤーで広げる方向に力をかけてピンをロックします

チェーンをセットしたら、調整ボルトを回してチェーンと内プレートのすき間を調整します。調整ボルトは右に回すと外に、左に回すと内にプレートが動きます

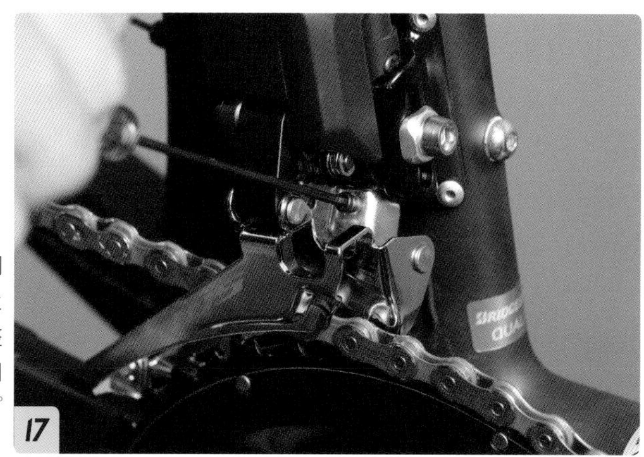
17

POINT

チェーンと内プレートのすき間が、0〜0.5mmになるになるように調整します

18

フレーム保護用のプロテクターシートがフレームに付属している場合は、チェーンステーに貼ります

ディスクローターの組み込み

ディスクローターはホイールに取り付けられるパーツであり、ホイールもディスクブレーキに対応した物が必要です。ディスクローターは160mmと140mmがあり、サイズを変更する場合はブレーキキャリパーの位置を変更する必要があります。

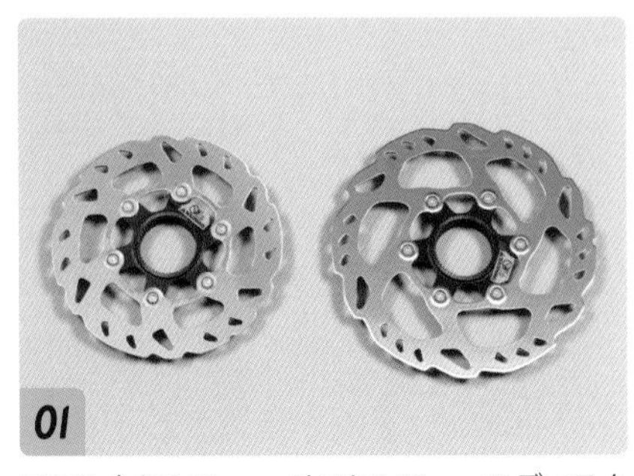

フロントに160mm、リアに140mmのディスクローターを組み込みます

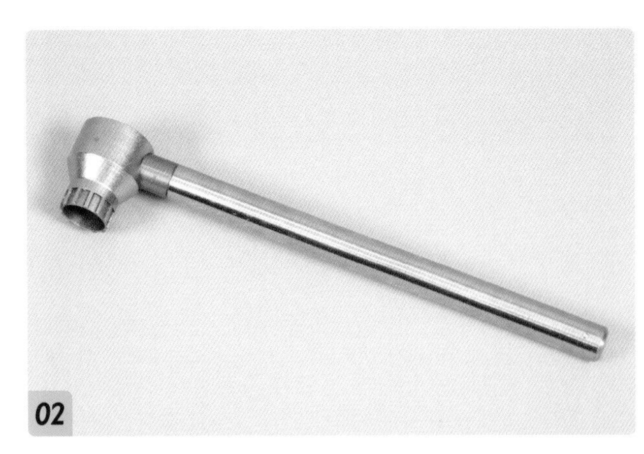

ディスクローターを組み付けるのに使用するのは、スプロケットの組み付けに使用するロックリング工具です

ディスクローターをセットする前に、マウント部分にグリスを塗ります

ディスクローターをハブにセットしたら、ロックリングを締め付けて固定します。締め付けトルクは40N･mに指定されています

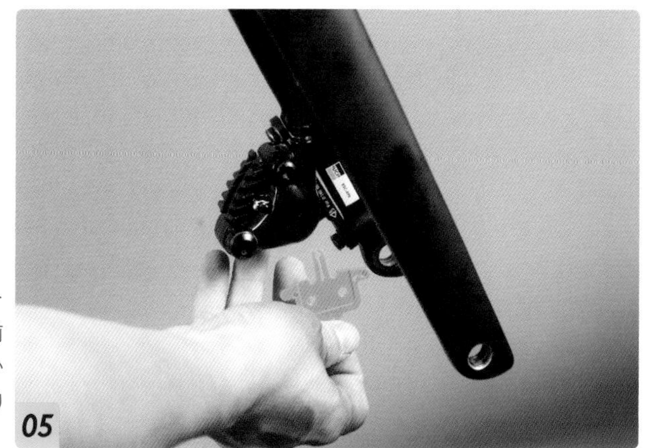

ディスクローターをセットしたホイールを組み込む前に、ブレーキキャリパーからパッドスペーサーを取り外します

ブレーキキャリパーにディスクローターを挟み込ませながら、ホイールをセットします

ホイールをセットし、シャフト（※このバイクはスルーアクスルタイプです）を締めて固定します

ブレーキパッドとディスクローターの当たりを確認します。右側の隙間が大きいので、キャリパーの固定ボルトを緩めてキャリパーの位置を動かします

ブレーキパッドとブレーキローターのすき間が均等になるようにキャリパーの位置を調整します

10

ブレーキキャリパーの位置を調整したら、ボルトを締めて固定します

11

リア側も同様にブレーキローターをセットし、キャリパーの位置を調整します

ブレーキローターの放熱性

ブレーキローターはグレードによって重量や放熱性能などに差があります。ディスクブレーキはこのブレーキローターにブレーキパッドが押し付けられ、摩擦が生じることで制動力を発生させます。パッドとローターの摩擦によって熱が発生し、加熱し過ぎればブレーキの性能は落ちます。そのため、放熱性の高いローターの方が安定したブレーキ性能を発揮することができます。また、ローターはパッドに比べれば少ないのですが、使用していると少しずつ厚みが薄くなっていきます。ブレーキローターは消耗品なので、必要があれば交換しましょう。

サドルの組み込み

サドルを組み込み、高さと前後位置を決めます。ある程度の基準に沿って組み込み、実際に走行してみて微調整していきます。サドルの位置はペダリングに大きく影響するので、何度か調整してベストな位置を探すようにしましょう。

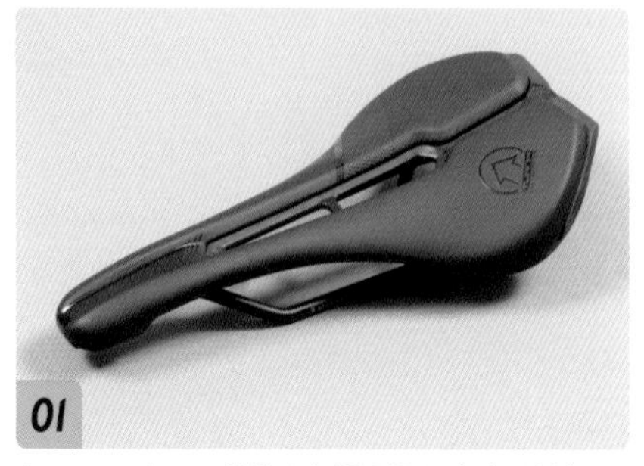
01
ターニックスのサドルを組み込みます。サドルは乗り手の好みや体型に合わせた物を使用します

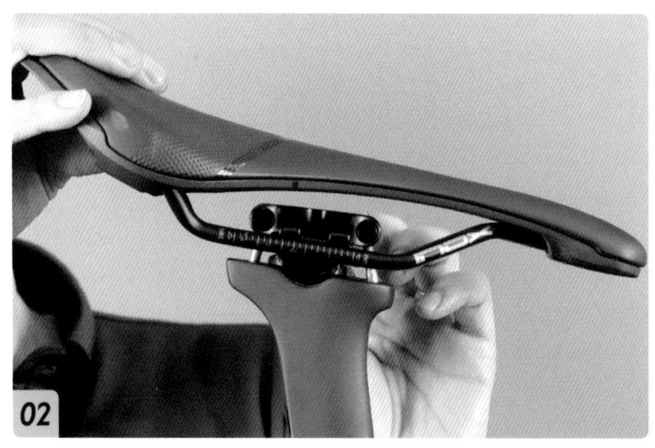
02
ボルトを緩めてヤグラを開き、レールをセットします。前後の位置は、レールにある目盛りの範囲内で行ないます

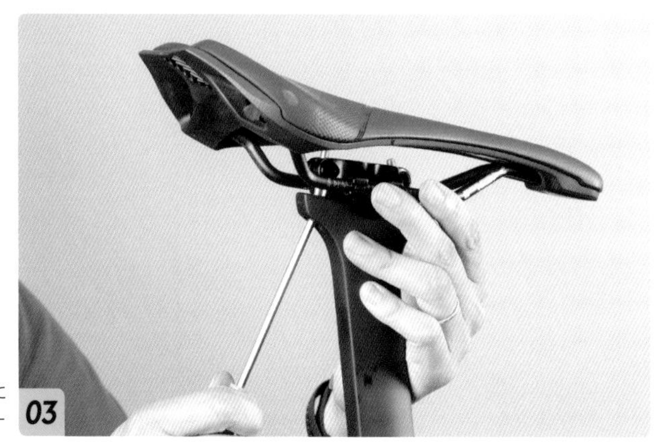
03
サドルの位置を仮決めしたら、ボルトを締めて固定します

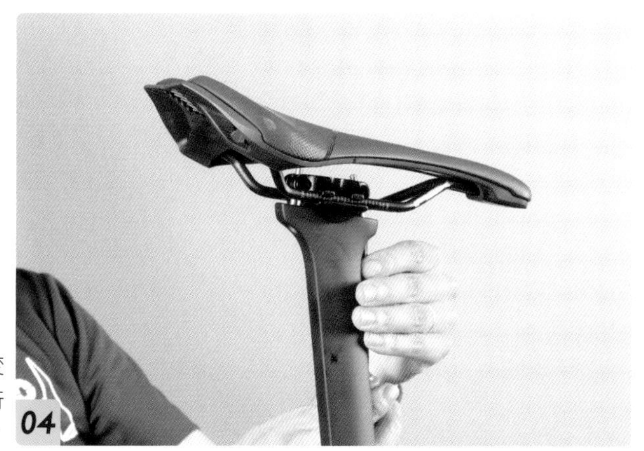

前後の締め具合で角度が変わるので、座面が地面と平行になるように締めていきます

サドルの高さを決めます。クランクが下に来た時に、膝が伸び切る位置を基準に、微調整します

サドルの前後位置を決めます。クランクが前90°の位置に来た時に、膝の関節がペダルよりも出ない位置で微調整します

各部ボルトのトルク管理

基本的なパーツの組み込みが終了したら、各パーツの取り付けボルトを規定トルクで本締めします。この本締めには必ずトルクレンチを使用し、マニュアルの規定値に合わせたトルクで締め付けます。特にカーボンパーツは締め付け過ぎると割れてしまうので、注意が必要です。

ステムはパーツに記載がある場合が多く、このステムの場合は5N・mに指定されています

クランプもパーツに記載がある場合が多く、このクランプの場合は5N・mに指定されています

デュアルコントロールレバーの締め付けトルクは、左右とも6-8N・mに指定されています

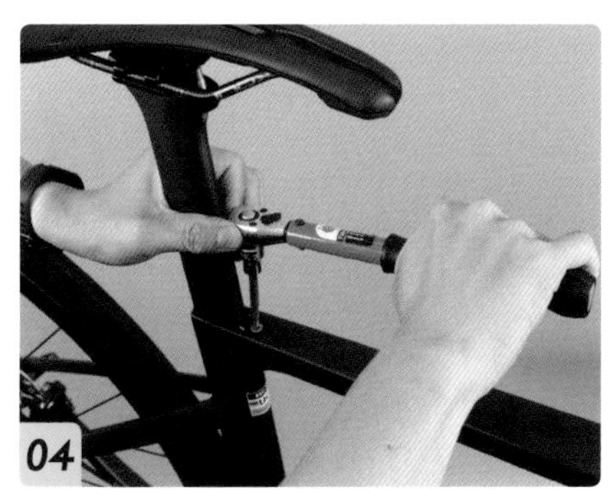

シートポストの締め付けトルクはフレームによって指定されています。指定値に合わせて締め込みます

ブレーキキャリパーの締め付けトルクは、6-8N・mに指定されています。前後各2本のボルトを締め付けます

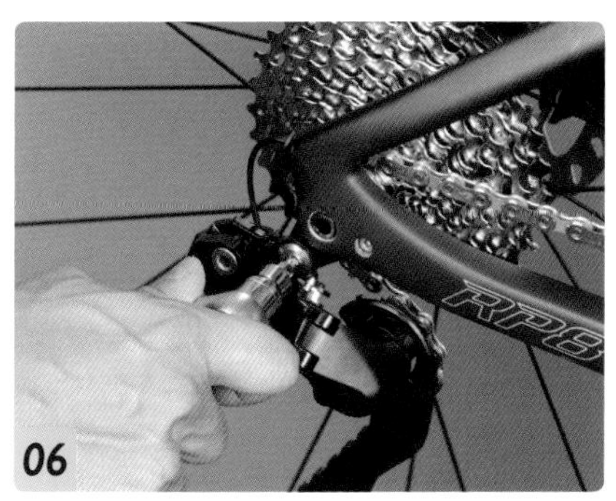

リアディレーラーの締め付けトルクは、6-8N・mに指定されています。位置がずれないように、確認しながら締め付けます

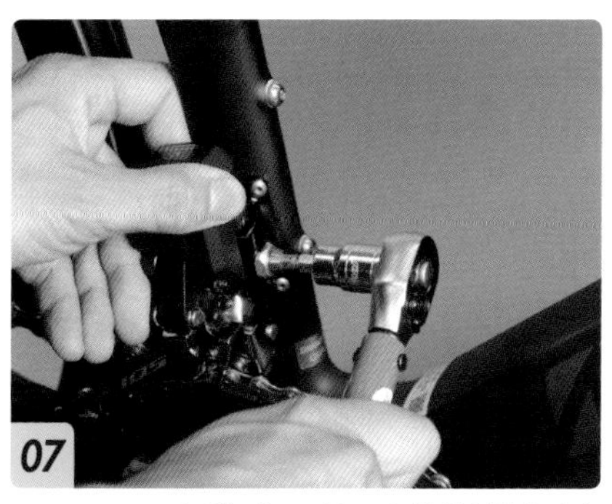

フロントディレーラーの締め付けトルクは、6-8N・mに指定されています。リア同様に、位置がずれないように注意します

クランクの固定ボルトの締め付けトルクは、12-14N・mに指定されています。両面のボルトを均等に締め付けます

指定値に幅がある場合

締め付けトルクの指定値が「6-8N・m」などと幅がある場合、何N・mで締めるか迷うかもしれません。これはその値の範囲内で締めるという指定なので、迷った場合は中間値、つまり「6-8N・m」の場合は、7N・mで締めておくと良いでしょう。

バーテープの巻き方

ハンドルバーにバーテープを巻きます。バーテープには様々なタイプがあり、伸び方などにクセがあります。バーテープは巻く前に、伸び方や厚みなどを確認して、重ね具合などを考えるようにすると上手く巻くことができます。また、バーテープの巻き方の上手下手は、センスや経験値によるところも大きいと言えます。慣れない内はあせらず、じっくりと時間をかけて巻いていくと良いでしょう。

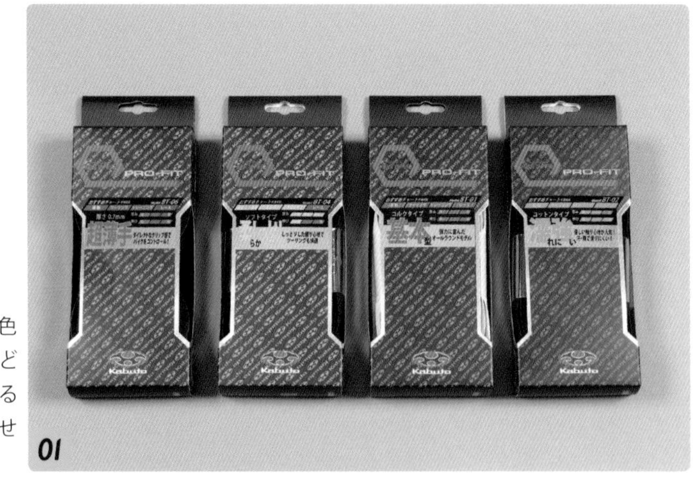

01

バーテープには色や素材、特性など様々なタイプがあるので、好みに合わせてチョイスします

02

ビニールテープを巻いて、ブレーキホースをしっかりハンドルバーに沿わせて固定します

POINT

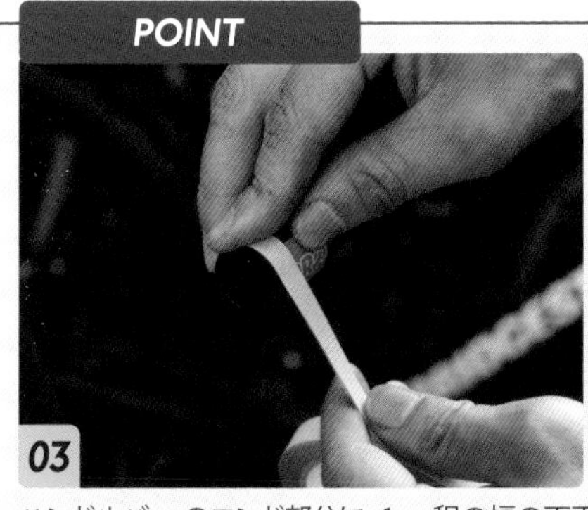

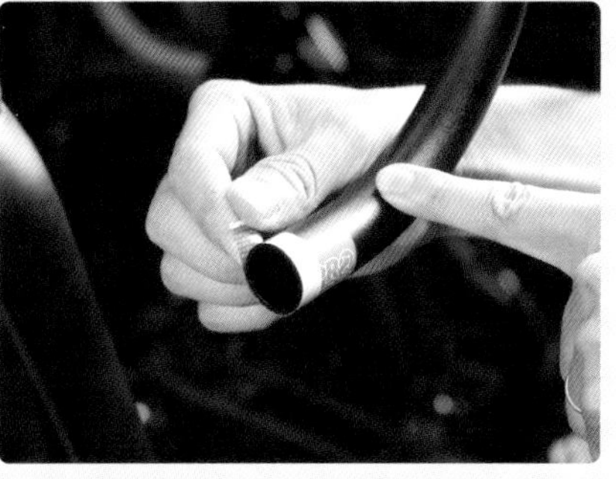

ハンドルバーのエンド部分に、1cm程の幅の両面テープを巻きます。ほとんどのバーテープの裏面には両面テープが貼られていますが、起点をしっかり留めておくと安定して巻くことができます

巻き終わりの位置も決めておき、ひと巻き分程手前の位置に両面テープを巻きます

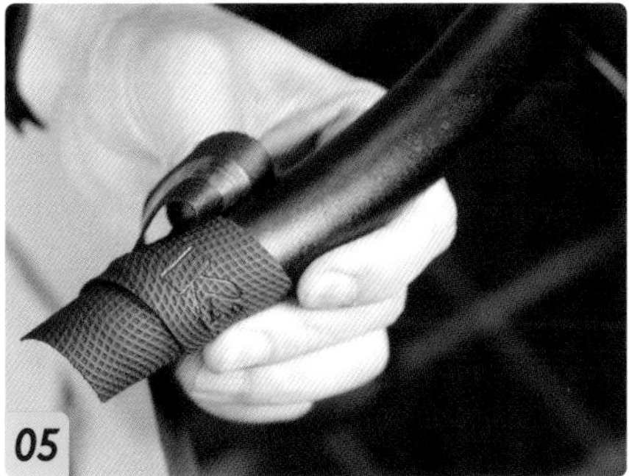

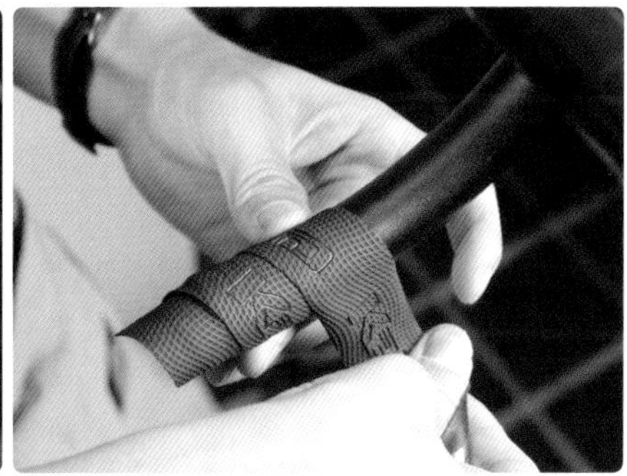

ハンドルバーエンドの部分にひと巻き分程はみ出させた状態で、バーテープを巻き始めます。ロゴに被らないように重ねて巻いていきます

POINT

デュアルコントロールレバーのクランプ部分には、クランプが隠れる長さにカットしたバーテープを貼っておきます

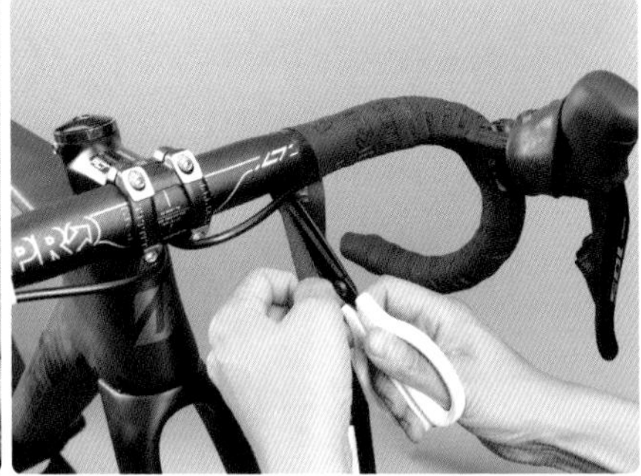

両面テープを貼った部分までバーテープを巻いたら、そこから15〜20cmの部分をハサミで斜めにカットします

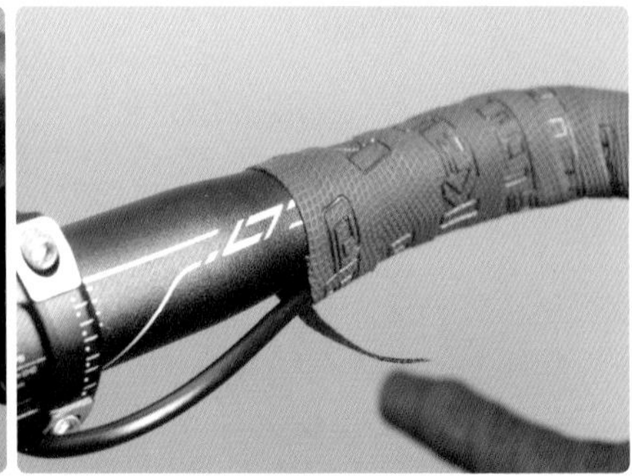

斜めにカットした部分をハンドルバーに巻きつけます。斜めにカットしたことで、巻き終わりの部分をまっすぐに終わらせることができます

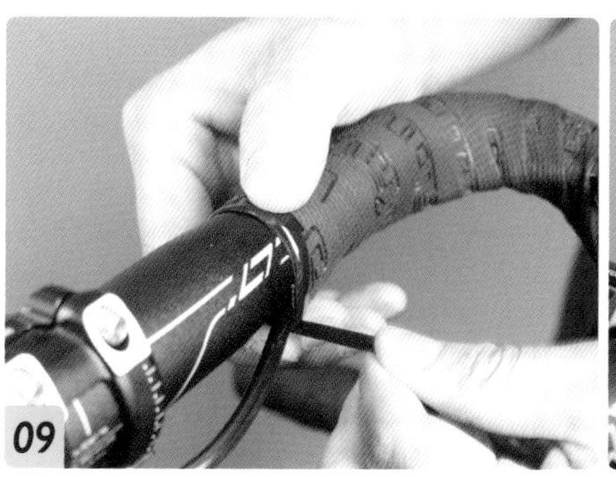

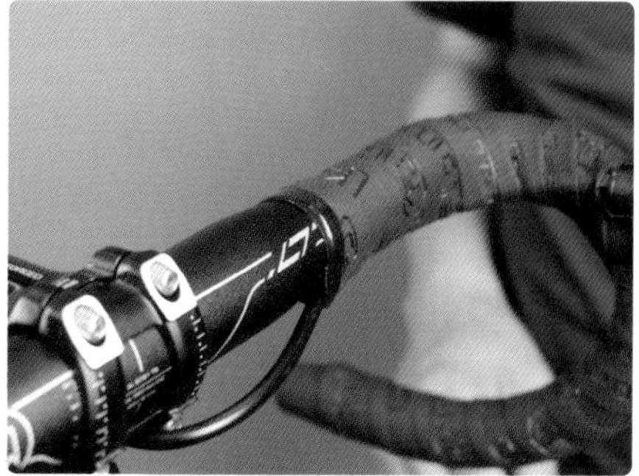

巻き終わりの部分にビニールテープを巻いて、バーテープが解けないように固定します

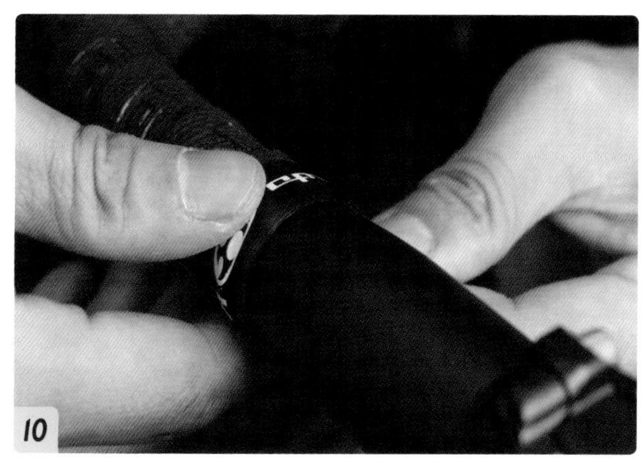

ビニールテープの上に、飾りテープ（バーテープに付属している物）を貼ります。ロゴマークがきれいに見えるように、巻き始めの位置を考えてから巻き始めましょう

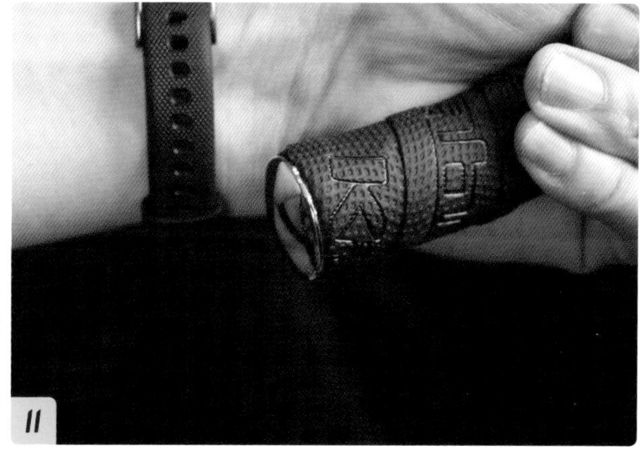

はみ出させていたバーテープの巻き始め部分をハンドルバーの内部に折り込み、バーエンドキャップを嵌め込みます

シフト調整

基本的なシフトの調整は、ブルートゥースを介して接続したスマートフォンのアプリ「E-TUBE PROJECT Cyclist 」で行ないます。前後のディレーラーをアプリ上で操作することができ、クランクを手で回しながら作業することになるので、メンテナンススタンドでリアタイヤを浮かせた状態で作業を行なう必要があります。

シフトの調整

01

ファンクションボタンを操作して、シフト調整をします。以下の表は主なファンクションです

		LED点灯パターン	状態
バッテリー充電時	●	青点灯	充電中
	○	消灯	充電完了
	☀	赤点滅	充電エラー
バッテリー残量確認(シングルクリック)	●	緑点灯(3秒間)	51～100%
	☀	緑点滅(8回)	26～50%
	●	赤点灯(3秒間)	1～25%
	○	消灯	0%
シフトモード選択(ダブルクリック)	●	青点灯(2秒間)	マニュアルシフト
	☀	青点滅(2回)	シフトモード1
	☀	青点滅(3回)	シフトモード2
Bluetooth® LE接続モード(0.5～2秒間長押し)	☀	青点滅	-
アジャストモード(2～5秒間長押し)	○	黄色点灯	-
システムペアリング(有線)(5～8秒間長押し)	☀	青点滅	有線ペアリング待ち
	☀	緑点滅(5回)	有線ペアリング(成功)
	☀	赤点滅(5回)	有線ペアリング(失敗)

スマートフォンのアプリを起動し、ファンクションボタンを0.5〜2秒間長押しして接続モードにします

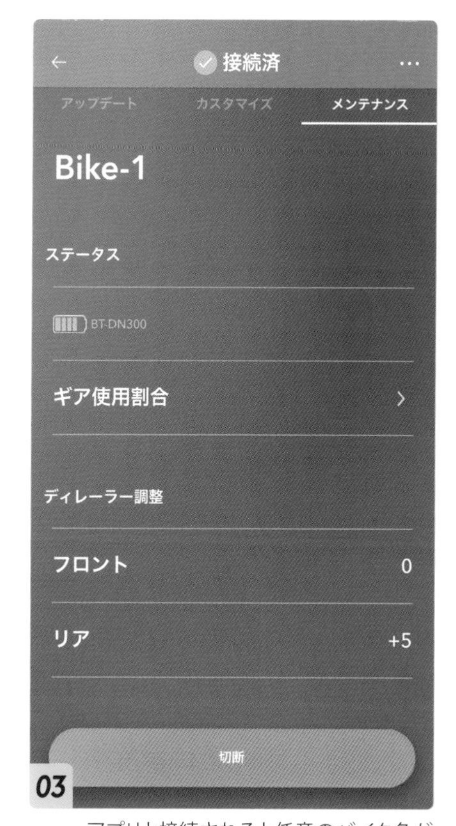

アプリと接続されると任意のバイク名が画面に出てくるので、メンテナンス、フロントディレーラーの順にタッチします

クランクを回す作業前の注意の画面が出ます。この画面は表示させないこともできます

画面下のOKをタッチしたら、クランクを回転させる準備をします

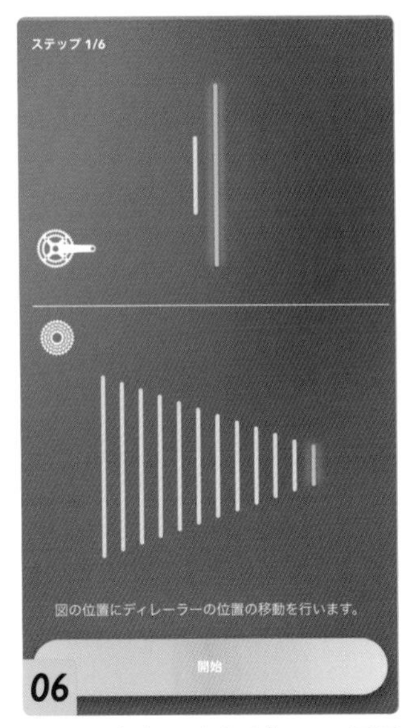

04でOKをタッチすると、この画面になります。この画面下の「開始」をタッチします

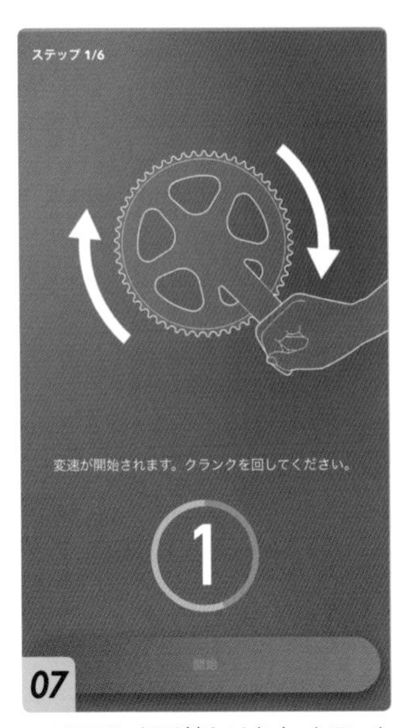

この画面に切り替わります。クランクを回転させると、自動的にアウタートップにシフトチェンジします

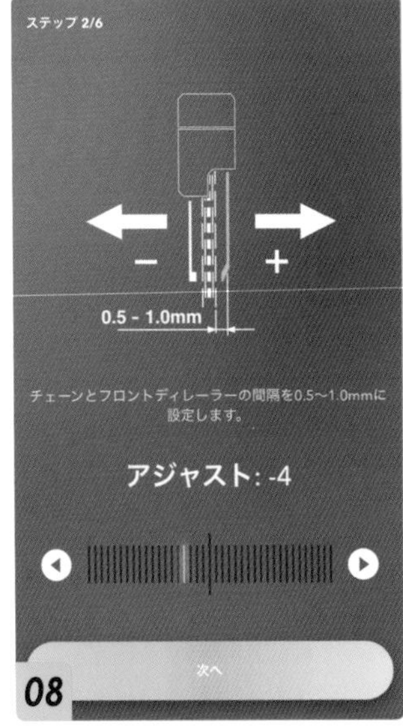

アウタートップになったら、画面の指示に従って外プレートとチェーンの間隔を調整します

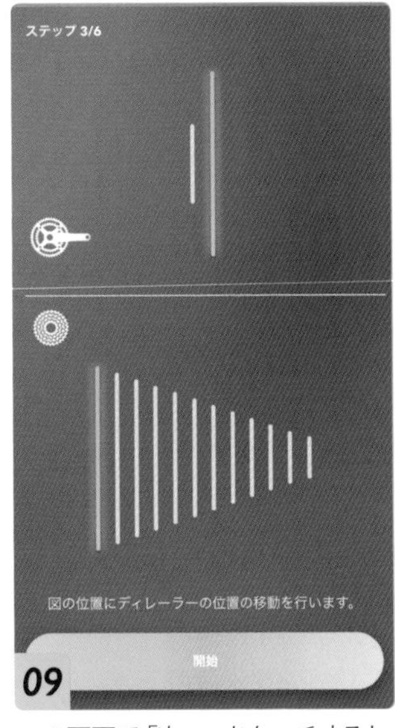

08の画面で「次へ」をタッチすると、画面が切り替わり、次の調整への変速を促します

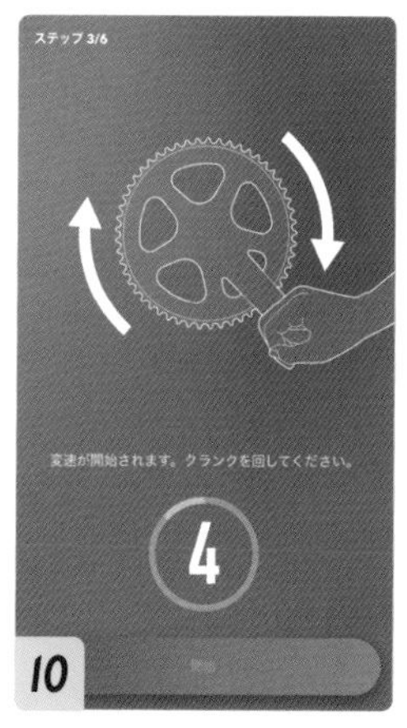

クランクを回すと、アウターローに自動変速します

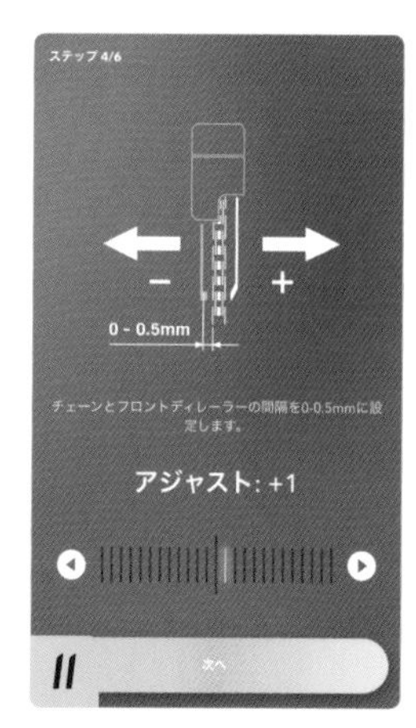

アウターローの状態で、画面の指示に従ってチェーンと内プレートの間隔を調整します

アウターローでの調整が終わったら、インナーローでの調整を行ないます。「次へ」を押してクランクを回転させる準備をします

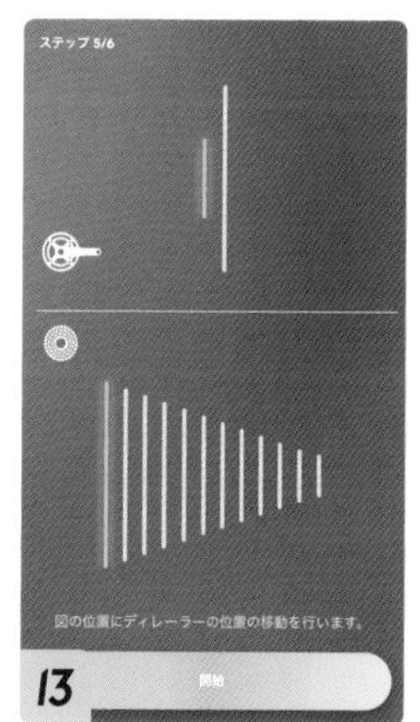

クランクを回転させて、インナーローに変速します

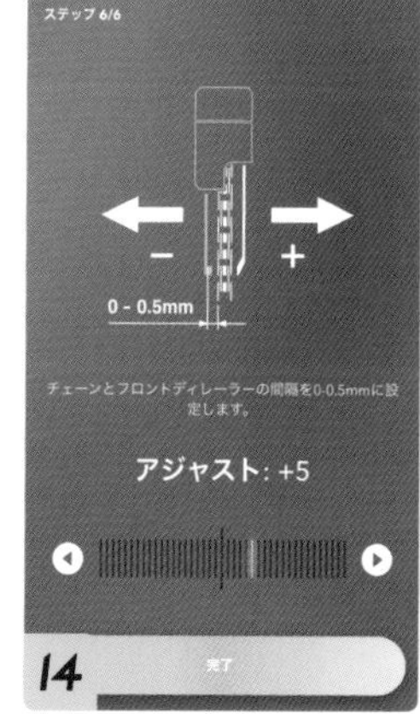

インナーローの状態で、画面の指示に従ってチェーンと内プレートの間隔を調整します

チェーンを最小チェーンリングと最大スプロケットにセットした状態で、エンドアジャストボルトを回して、最大スプロケットとガイドプーリーの距離を調整します

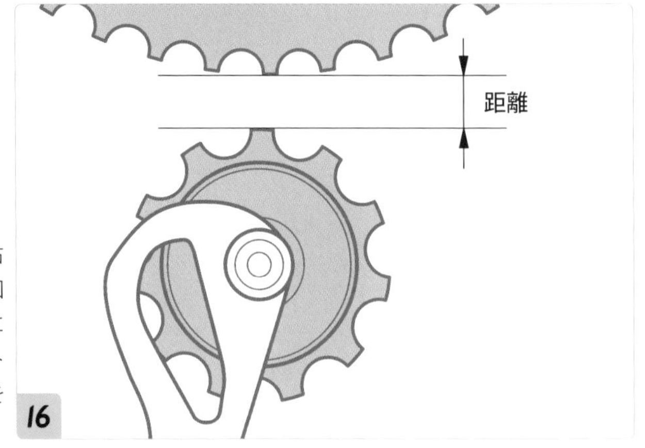

エンドアジャストボルトを右に回すと距離は離れ、左に回すと近づきます。下記の表に合わせて、最大スプロケットとガイドプーリーの距離を調整します

モデル名	カセットスプロケット	最大スプロケットとガイドプーリーの距離
RD-R9250／RD-R8150	11-30T	14mm
RD-R9250／RD-R8150	11-34T	6mm
RD-R7150	11-34T	10mm
RD-R7150	11-36T	6mm

リア側からリアディレーラーとスプロケットの状態を確認します

スプロケットとガイドプーリー、テンションプーリーが一直線になっていれば正常です

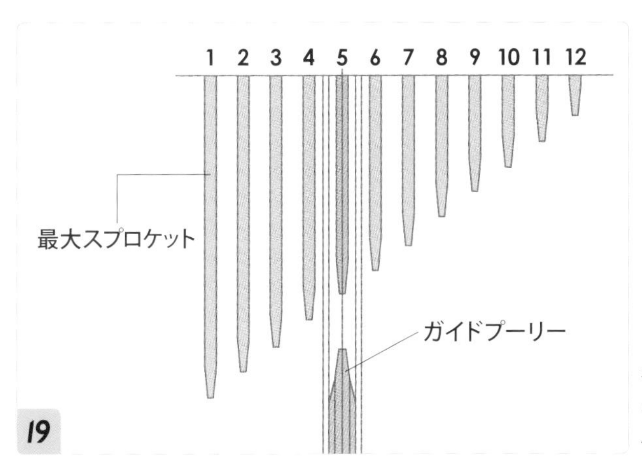

ギアを最大スプロケットから5枚目のギア位置へ変速させます

20

ファンクションボタンを2～5秒長押しし、変速システムをアジャストモードに切り替えます。アジャストモードに切り替わると、LEDが黄色点灯になります

21

クランクを回しながらシフトスイッチ（X）を操作し、ガイドプーリーを最大スプロケット側に動かします。4速ギアと接触してかすかに音が出る位置まで動かし、その後シフトスイッチ（Y）を5回押して最小スプロケット側に動かします。この位置が調整の目安になります。ファンクションボタンを0.5秒以上長押しし、通常モードにします

アジャストモードでの調整

Di2システムのリアディレーラーは初期位置から内側へ18段階、外側へ18段階、合計で37段階の調整が可能になっています。アジャストモードでリアディレーラーの調整を行なうと、ガイドプーリーが行き過ぎてから戻るという誇張した動きをします。これは移動方向を確認しやすくするための仕様です。そのため、ガイドプーリーとギアの位置確認を行なう際は、リアディレーラーの動作が停止した状態で行なう必要があります。また、リアディレーラーの調整を行なった後は、必ず最後に通常モードに戻すことを忘れないようにしてください。

リアディレーラーのロー側/トップ側の調整を行ないます。Lがロー、Hがトップ側の調整ボルトです

最大スプロケットに変速し、ロー調整ボルトがロー側ストッパーにちょうど当たるまで締込みます。次に最小スプロケットに変速し、トップ調整ボルトがトップ側ストッパーにちょうど当たるまで締込み、オーバーストローク分を確保するためにトップ調整ボルトを反時計回りに1回転させます

リアディレーラーの調整不足によるトラブル例

リアディレーラーのロー側/トップ側の調整が適切に行なわれていないと、以下のようなトラブルが発生することがあります。
1.最小スプロケット/最大スプロケットへの変速ができなくなる。または、変速しても約5秒後に1段戻されてしまう。
2.変速時の音鳴りが止まらない。
3.モーターに過度の負荷がかり、バッテリーの消費が早くなる。
4.モーターが過負荷のため損傷する(この場合修理は不可能です)
5.チェーンがスプロケットから脱線して、リアディレーラーやホイール、フレームなどが破損する。

変速を行なってみて、必要があれば再びアジャストモードに切り替え、リアディレーラーを調整します

カスタマイズ・アップデート

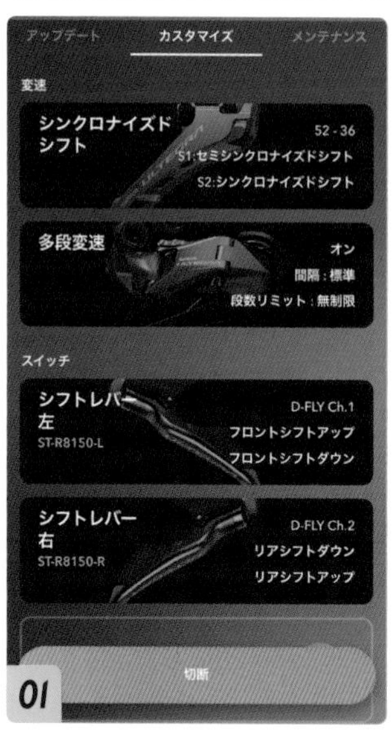

「カスタマイズ」をタップすると、各コンポーネントの機能をカスタマイズすることができます

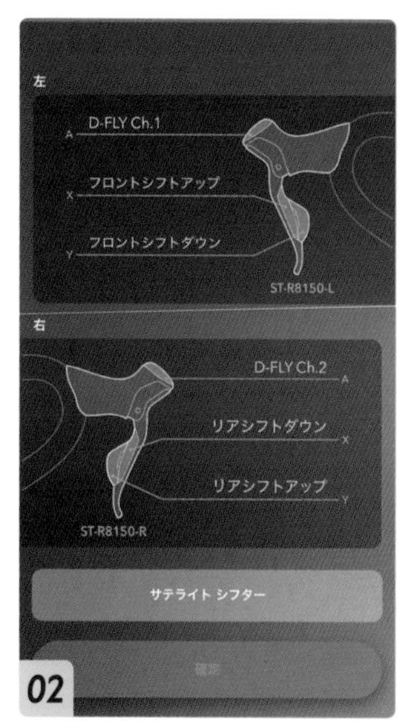

レバーのスイッチは、標準で右がリア、左がフロントで、Xがシフトアップ、Yがシフトダウンとなります

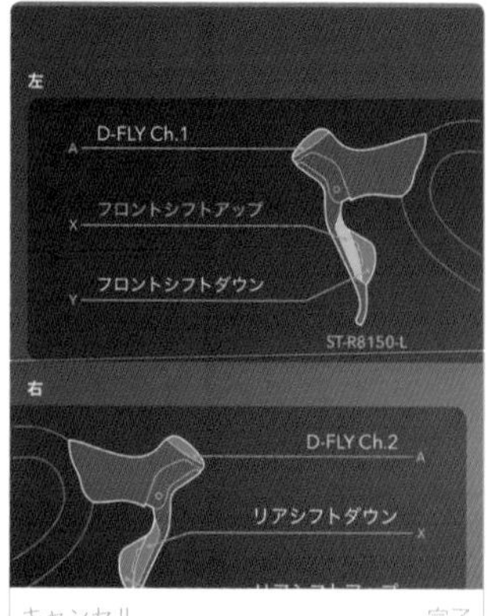

カスタマイズ機能を使用することで、全てのスイッチの役割を変更することができるようになっています

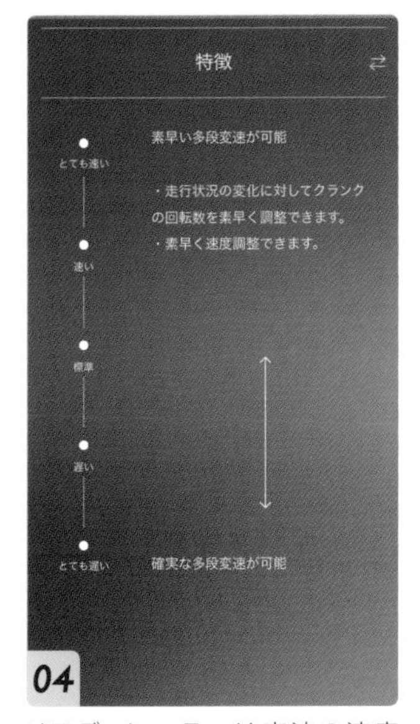

リアディレーラーは変速の速度（ディレーラーの作動速度）を4段階で調整することができます

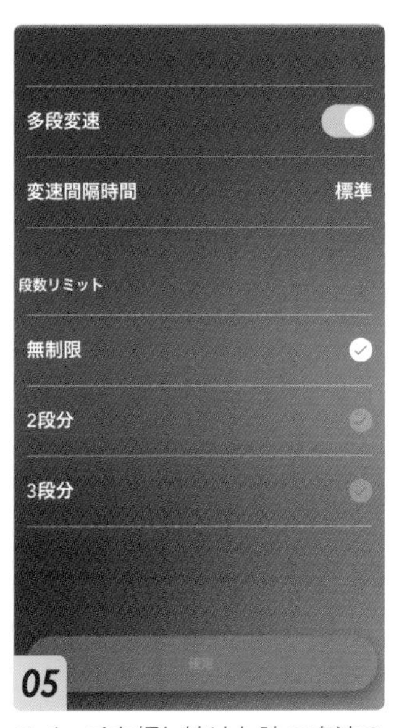

スイッチを押し続けた時の変速の段数も設定でき、無制限にすると1速から12速まで変速を続けます

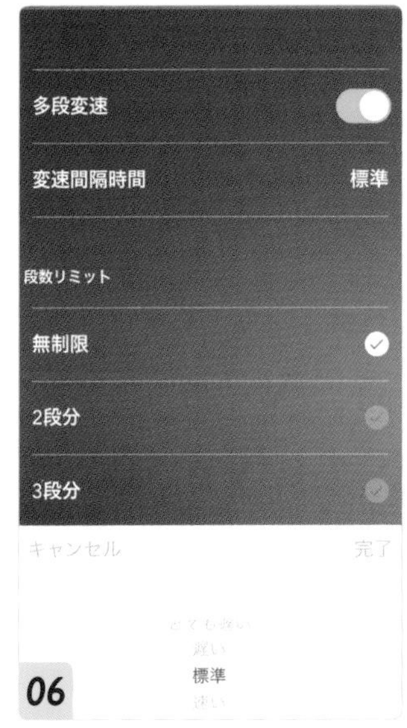

変速スピードや、多段変速の段数などを好みにセッティングすることで、走りやすさは向上します

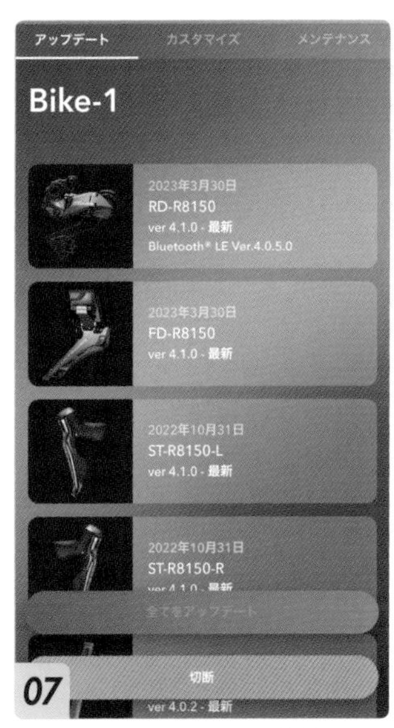

ファームウェアはアップデートがかかることがあります。「アップデート」をタッチして確認できます

バッテリーの充電と電池交換

電動変速システムとなるDi2にとって、バッテリーの管理は非常に重要です。前後ディレーラーへの給電はシートポストにセットしたバッテリーから行なわれるようになっており、充電はリアディレーラーから行ないます。デュアルコントロールレバーはボタン電池のCR1632を使用し、デュラエースとアルテグラは左右に各1個、105は左右各2個ずつ必要になります。

バッテリーの充電

01

リアディレーラーの後端に、充電ポートがあり、通常はカバーで覆われています

02

充電ポートのカバーは、このように開きます。このポートに専用の充電ケーブルをつなぎます

充電ケーブルをつなぐと、LEDが青く点灯します。このLEDが消灯すると充電完了です。ちなみに、充電しながら走行（作動）させることはできません

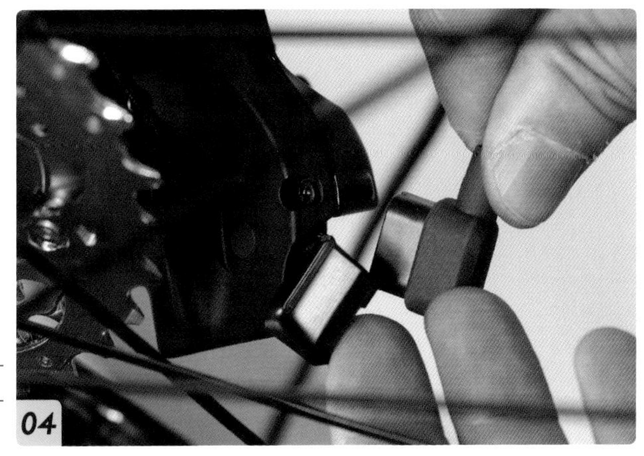

充電が終了したら充電ケーブルを外し、ポートカバーを閉じます

充電状態の確認

充電ケーブルはUSB接続タイプとなっており、リアディレーラーの充電時間は、USB端子対応ACアダプターを使用した場合は約1.5時間、パソコンのUSBポートを使用した場合は約3時間となっています。バッテリーの持ちは約1,000km程度とされており、ファンクションボタンを押すことで残量の確認ができます。緑点灯（3秒）であれば残量は51〜100%、緑点滅（8回）であれば26〜50%、赤点灯（3秒）であれば1〜25%となります。走行予定の距離にもよりますが、走行前（3時間以上前が目安）にチェックし、赤点灯の場合は必ず充電してから走行しましょう。

レバーの電池交換

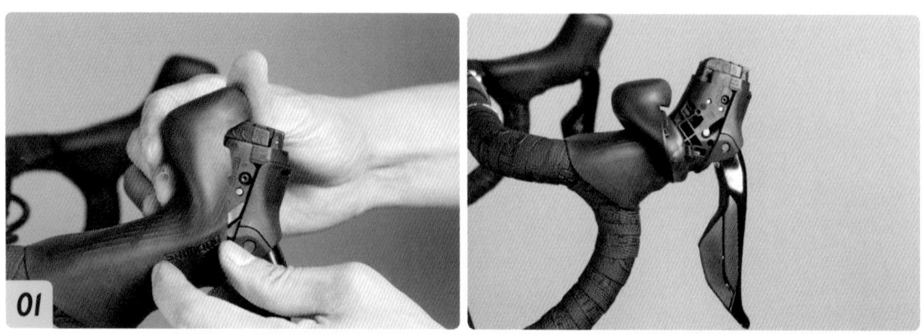
01

デュアルコントロールレバーのブラケットカバーの先端部（上ハンドルの握る部分）を、後ろ側にめくって内部のメカを露出させます

02

105の場合はトップ部分に、デュラエースとアルテグラの場合は側面にプラスビスがあります。このビスを外します

03

プラスビスを外すと、フロント側のヒンジでこのようにカバーが開き、電池が露出します

デュアルコントロールレバーに使用するのは、ボタン型電池のCR1632です。セットする際は、電池の向き（電極）を間違えないようにします。105の場合は片側2個、デュラエースとアルテグラは片側1個です

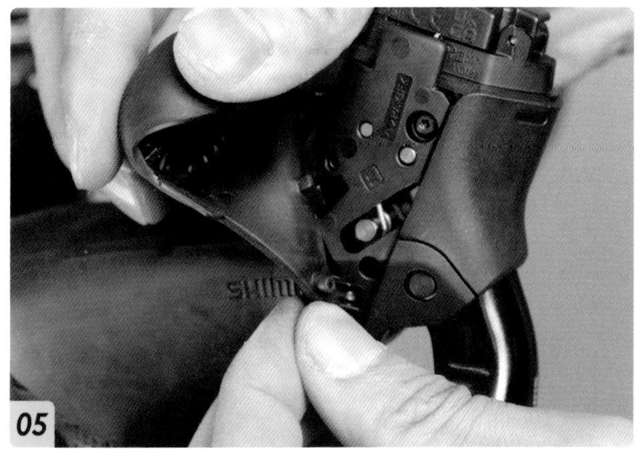

カバーを締めてビスで留めたら、ブラケットカバーを戻します。ブラケットカバーの突起を、ブラケットの穴にきちんと入れないと、カバーが浮いてしまうので注意します

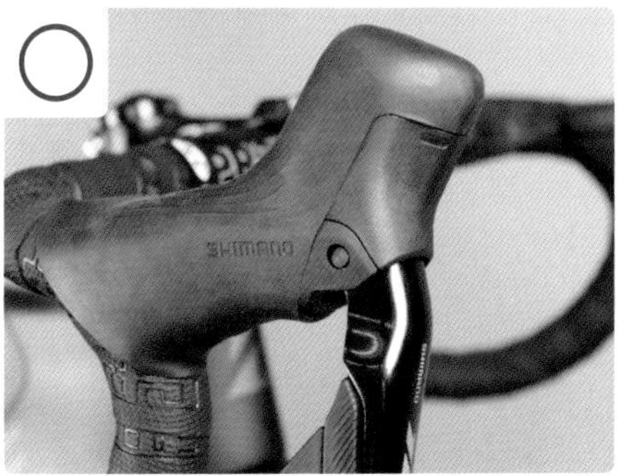

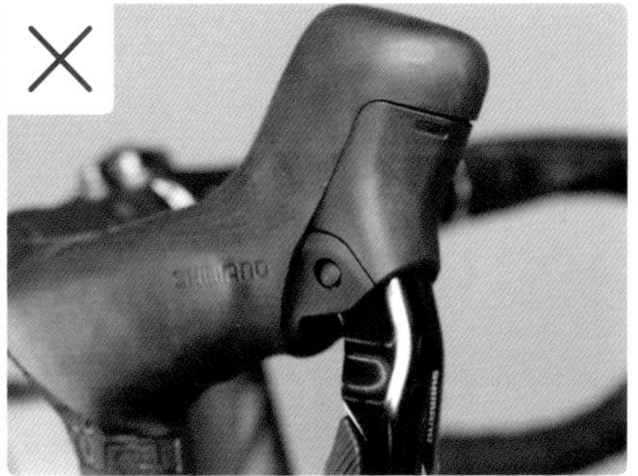

カーボンフレームのこと

ロードバイクのフレーム素材は鉄（クロモリ）、アルミニウム、カーボン、チタニウムなどが使用されています。近年の各フレームメーカーのラインナップを見ると、カーボン製のフレームが圧倒的に多くなり、入門向けからハイエンドまで幅広いカーボンフレームが用意されています。

カーボンフレームというのは、カーボン（炭素）繊維を樹脂で固めた炭素繊維強化プラスチック（CFRP）でできています。カーボン繊維を何重にするかや、繊維の種類などでフレームの強度や特性は変化するため、同じフレームの形状でも異なった乗り心地や性能にすることができます。

カーボンフレームの作り方としては、型を使って成形するモノコックと、ラグを使用してパイプやパーツを組み合わせるラグ方式が主です。それぞれにメリットとデメリットがありますが、多くのカーボンフレームは製造が容易なモノコックタイプです。

カーボンは素材としては金属よりも高い強度を持ち、適度なしなりを持たせることができるためロードバイクの素材としては非常に適していると言えます。しかし、カーボンフレーム全般に言える弱点として、外からの衝撃に弱いという問題があります。落車はもちろん、倒したり落としたりするだけでクラックが入ることもあります。金属製のフレームであればへこんだり裂けたりするのですぐに状態を確認することができますが、カーボンフレームの場合はその傷がクラックなのか表面に傷がついただけなのかを見分けるのが素人には難しいのです。

落車などのアクシデント以外でも、部品を組み付ける際にトルクをかけすぎてしまって割れることもあります。そのため、作業においては確実なトルク管理をするために、トルクレンチが欠かせないと言えるでしょう。また、輪行する際なども置き方や運び方に注意しないと破損させる危険性があります。

価格が下がって入手しやすくなったカーボンフレームですが、取り扱い方に注意が必要なことを常に忘れないように付き合う必要があります。

落車などのアクシデントの際には、チェーンステー、シートステー、トップチューブの破損が生じやすいと言えます

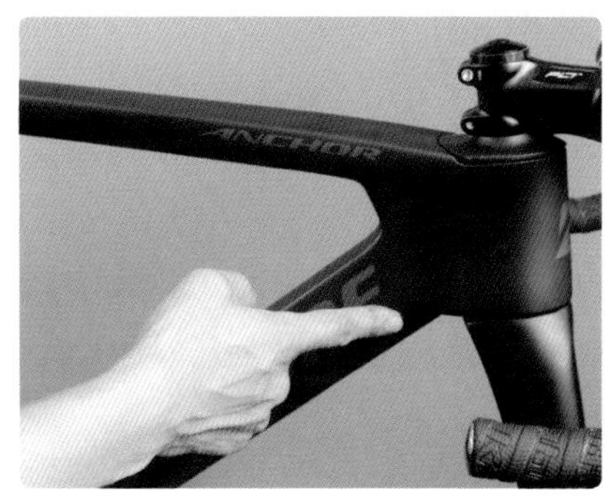

ダウンチューブとヘッドチューブの交わる部分も、クラックが生じやすい部分です。アクシデント後には確認しましょう

SHIMANO Di2 MAINTENANCE

シマノ Di2 メンテナンス編

ここからは各部のメンテナンスを見ていきます。Di2システムに関しては組み立て工程で紹介したアプリを使っての調整がメインになるため、チューブレスレディタイヤやディスクブレーキ周りのメンテナンスを中心に紹介していきます。

Di2 メンテナンスの基本

ロードバイクの性能を常に100%発揮するためには、細かい部分を含めた機能が100%正常に稼働することは絶対条件です。ロードバイクは平地でも50km/h以上、下り坂なら70km/h以上も出る乗り物です。これだけの速度であれば、空気圧が狂っただけでも事故は起こり得ます。性能はもちろん、安全性の確保という部分でも、日々しっかりとメンテナンスを行なう必要があるのです。

タイトルに「Di2」と付けましたが、変速関係以外は従来のロードバイクのメンテナンスと大きく変わる部分はありません。ただ、セミワイヤレスシステムに関してはディスクブレーキオンリーとなっており、これは今までのコンポーネントと大きく違う部分と言えるでしょう。

ディスクブレーキは従来のキャリパーブレーキとはシステムが全く異なるため、キャリパーブレーキを使用していた方にとっては分からない部分があることと思います。正直キャリパーブレーキよりも使用する工具や工程が増え、出先などでは何もできなくなってしまいました。しかし、キャリパーブレーキよりもメンテナンスを行なうスパンは伸びておりシステムの信頼性は向上していると言って良いでしょう。この本で紹介

しているディスクブレーキのメンテナンス工程を見て、少しでも無理そうだと思ったらプロに任せてください。

ディスクブレーキ化と共に増えているのが、チューブレスレディと呼ばれるタイヤです。このチューブレスレディはチューブを使わず、チューブレス構造のタイヤの中にシーラントと呼ばれる専用の液体を入れて機密性を出すようになっています。このシーラントはパンクの際にも穴をふさぐ役割を果たすため、パンクによる走行不能を減らすことができます。タイヤの装着方法はチューブレスと同じですが、シーラントを入れてから空気を入れるようになっている部分が異なります。

また、最近のバイクの特徴として、ホイールの装着方法にスルーアクスル方式が増えているということが言えます。これはアクスルシャフトの先端をフロントフォークにねじ込むようになっており、従来のクイックリリース（レリーズ）よりもしっかりと車輪を固定することができます。ねじ込む分時間はかかりますが、レース中にパンクした場合車両を丸ごと交換するようになってしまった現代のプロレースの世界では、クイックリリースで車輪を固定する必要が無くなったと言えるでしょう。

日々アップデートされているロードバイクの世界では、メンテナンスにも新しい知識と技術が要求されるのです。

ホイールの脱着

ディスクブレーキの採用が増えるとともに、ホイールの固定方式にはスルーアクスルタイプが増えてきました。従来のクイックリリース（レリーズ）がレバーを閉じることで生じる摩擦でホイールを固定していたのに対して、スルーアクスルはシャフトの先端にネジが切られており、シャフトを反対側のフロントフォークにねじ込んで固定するようになっています。

フロントホイールの脱着

01 このスルーアクスルの場合、レバーはそのままレンチになっており、取り外して前後に使用できます

02 レバーを回してアクスルシャフトを緩めます。緩める時は、レバーは向かって左方向（時計回り）に回します

アクスルシャフトのネジが完全に緩んだら、ホイールとフレームを保持しながらシャフトを引き抜きます

フレームを落とさないように注意しながら、ホイールを前側にずらして外します

フロントフォークを地面に付けて置く場合は、ウエスなどを敷いて傷付きを防止します

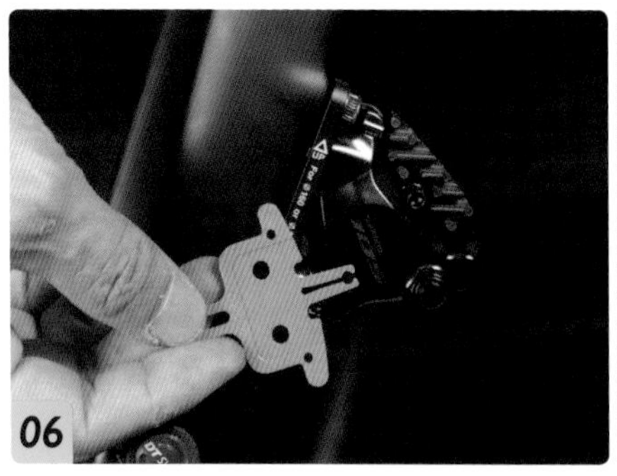

ホイールをしばらく外しておく場合は必ず、ブレーキキャリパーにパッドスペーサーをセットするようにします

ホイールを取り付ける前に、パッドスペーサーを外します。ブレーキキャリパーにディスクローターを挟み込ませながら、ホイールをセットします

フロントフォークとホイールにアクスルシャフトを通し、指定トルク（※製品によって異なる場合があるので、確認してください）で締め込んで固定します

リアホイールの脱着

リアホイールの脱着を行なう場合は、メンテナンススタンドを使用するのがおすすめです。無い場合は、車体を逆さまにして作業することになりますが、ブレーキオイルのエア噛みを起こす可能性があるので注意しましょう

POINT

リアホイールを外す場合は、最小ギアにシフトチェンジしておきます

アクスルシャフトは、付属のレバー以外に、アーレンキーを使用して緩めることもできます

アクスルシャフトのネジを緩めたら、ホイールを保持しつつシャフトを引き抜きます

リアディレーラーのガイドプレート（プーリーの取り付けられている部分）を後ろに引っ張るように動かします

リアディレーラーを動かすと、ホイールが自然に外れます。地面に置いた状態で作業する場合は、フレームを持ち上げるとホイールだけが地面に残る感じで外れます

POINT

リアホイールを外したら、写真のようにアクスルシャフトを仮付けしておくことでチェーンを保持することができます

06

ホイールを取り付けていきます。スプロケットをチェーンの輪の内側に入れます

07

チェーンの輪の内側にスプロケットを入れたら、チェーンを最小ギアにかけます

リアディレーラーのガイドプレートを前側に押すように動かします

ホイールが持ち上がる感じでセットされるので、フレームとホイールのアクスルの位置を合わせます

アクスルシャフトをセットし、指定トルクで締め付けて固定します

タイヤの取り付けとチューブ交換

ロードバイクのタイヤにはクリンチャー、チューブラー、チューブレス、チューブレスレディの4タイプがあり、レースの世界において現在主流になっているのはチューブレスレディです。また、ホイールはクリンチャーとチューブレスレディの両方で使用できるタイプが増えてきています。

チューブレスとチューブレスレディはどちらもチューブを使用しませんが、チューブレスレディは専用のシーラントを使用して空気を保持するようになっています。一般的にチューブレスレディはパンクに強く、走行性能も向上すると言われています。

チューブレスレディがパンクしにくいと書きましたが、まったくパンクしない訳ではありません。小さな穴であればシーラントが塞いでくれますが、切れたりした場合はシーラントでは塞ぎきれません。その場合はクリンチャーと同様に、タイヤの中にチューブを入れることで走行可能になります。

ここでは基本的なチューブレスレディタイヤの取り付け方と、パンク修理の基本という意味を含めて、クリンチャータイプのタイヤとチューブの交換方法を紹介していきます。

チューブレスレディタイヤのセットアップ

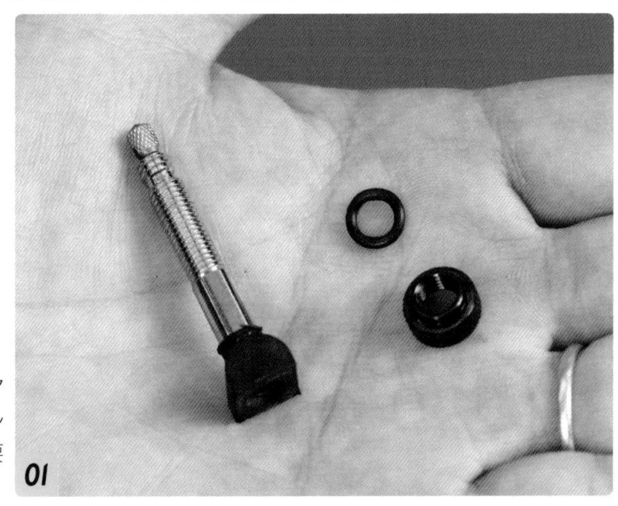

チューブレスレディタイヤを使用する際は、専用のバルブをリムに取り付ける必要があります

まずバルブをリムのバルブ穴にしっかりと押し込みます

バルブをリムにしっかりセットすると、このような状態になります

Oリング、ナットの順でセットし、しっかりとナットを締め込みます

タイヤを用意し、バルブとタイヤのロゴの位置を合わせます

片側のタイヤのビードをリムの内側に入れます

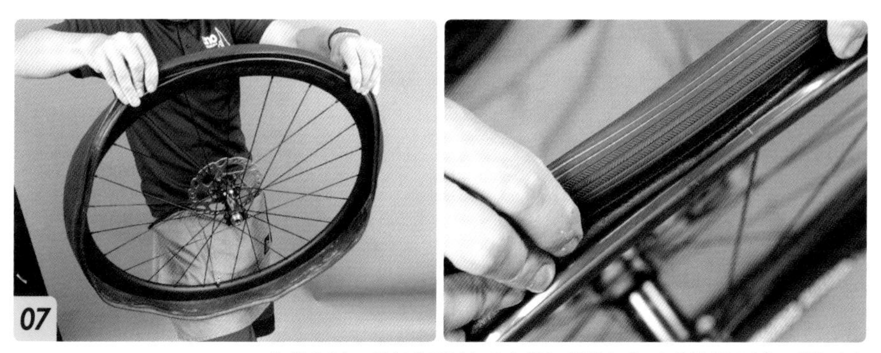

片側のビードを全てリムの内側に収めたら、もう片側のビードをリムに入れていきます

途中で張りが強くなって入らなくなりますが、手で簡単に入る所までビードを入れていきます

両側がリムに収まった部分のビードを、リムのセンター部分の窪みに入れていきます。両側のビードを窪みにしっかり収めるのがポイントです

ホイールを地面に付けて、タイヤを下に向けて伸ばすように、ビードをリムに収めた部分から下方向に力をかけていきます

しっかりと力を入れてタイヤを伸ばすようにしていくと、最後の部分に余裕ができてタイヤがリムにほぼ収まります

最後の部分は多少、ビードがリムに引っかかる状態になります

リム側にビードをめくり上げるようにすると、タイヤの最後の部分のビードがリムに入ります。全周のビードがリムに収まっていることを確認します

POINT

空気を入れて、ビードを上げます。正常であればタイヤが膨らみ、パチンという音がしてビードが上がります。ビードが上がらない場合は、ビードがめくれたりしていないか確認します

ビードが上がったら、一度バルブを押して空気を抜きます

タイヤ内の空気をある程度抜いたら、バルブコアツールを使ってバルブコアを抜きます

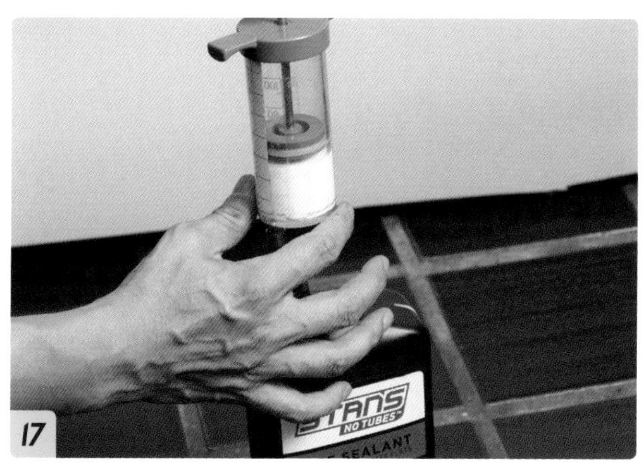

専用の注射器を使用し、量を測りながらシーラントを吸い出します。一般的なロードバイク用タイヤであれば、必要な量は30mlです

バルブコアを抜いた状態のバルブに注射器をつなぎ、タイヤの内部にシーラントを注入します

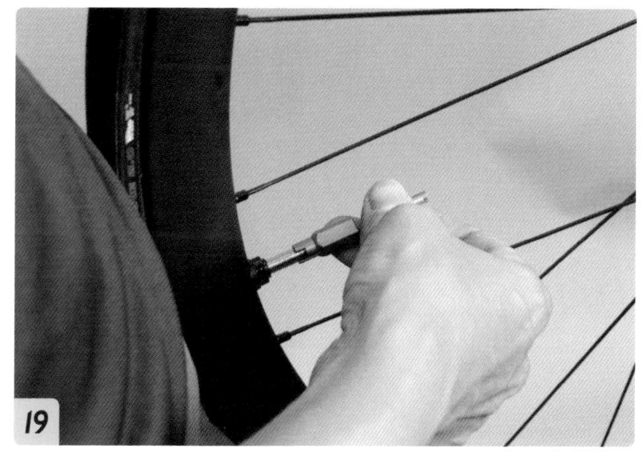

タイヤ内にシーラントを注入したら、バルブコアを取り付けます

バルブコアを取り付けたら、空気を入れます

空気圧はタイヤの指定する最大値を超えないように注意します。このタイヤの場合は7.5barが最大値に指定されています

リムやタイヤが太くなり、エアボリュームが増えたことで空気圧は従来よりも低くなり、ウーノでは6barあたりを基準にしています。空気を入れたらバルブを締め、バルブキャップを取り付けます。その後少し走行して、シーラントをチューブ全体に行き渡らせます

クリンチャータイプのタイヤとチューブの交換

バルブを保護しているバルブキャップを外します

バルブの先端のネジを緩めたらバルブを押して開き、チューブ内の空気をできるだけ抜きます

チューブ内の空気を抜いたら、バルブを固定しているナット（無い場合もあります）を緩めて外します

04

ホイールを地面に付けて、タイヤを伸ばすイメージで下側に向かって力をかけていきます

05

タイヤが下側に寄っていき、リムとの間にわずかな隙間ができます

06

できた隙間をきっかけにタイヤをリムから押し出すようにすると、タイヤとチューブがホイールから外れます

POINT

タイヤをセットする際は、取り付ける方向を確認します。多くは回転方向に矢印（ローテーションマーク）が示されています

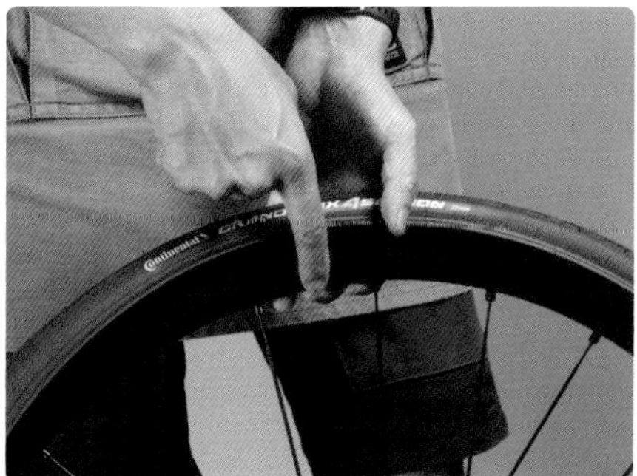

07

ホイールにタイヤをセットします。バルブ穴の位置にロゴマークが来るようにセットするのが一般的です

08

片側のビードを、全周リムにセットしていきます

POINT

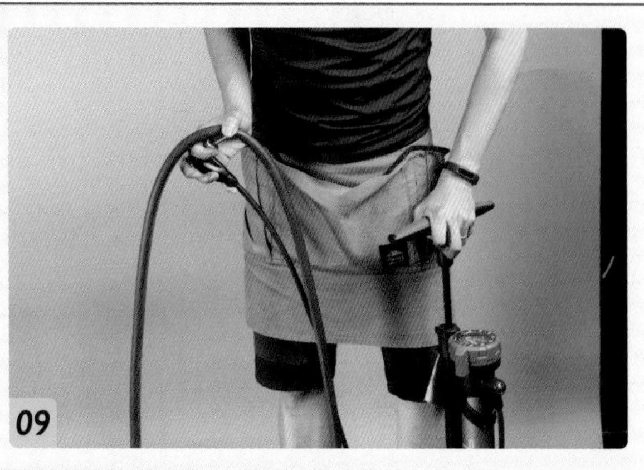

チューブにはセットする前に、ポンプ2回押し程度の空気を入れておきます

チューブをタイヤの中に入れていきます。リムのバルブ穴が上になるように持ち、チューブの下側をタイヤの中に入れます

バルブをリムのバルブ穴に入れます

バルブをリムのバルブ穴に入れたら、残りの部分のチューブをタイヤの中に収めていきます

チューブをタイヤの中に収めたら、リムに沿わせていきます

タイヤ全周を確認して、チューブがリムの上に収まっていることを確認します

チューブをビードとリムの間に挟まないように注意しながら、リムから出ている側のビードをできるだけリムに収めます。ビードが固くて収めにくくなったら、下に力をかけながらタイヤを寄せて収めていきます

最後の部分はこのようにリムに被りますが、タイヤを上手く伸ばしながら寄せていくことで、タイヤレバーを使わなくてもビードをリムに収めることができます。どうしても収まらない時は、タイヤレバーを使用します

タイヤを奥側（先に全周入れたビード側）に折り曲げるようなイメージで力をかけ、最後の部分のビードをリムに収めます

POINT

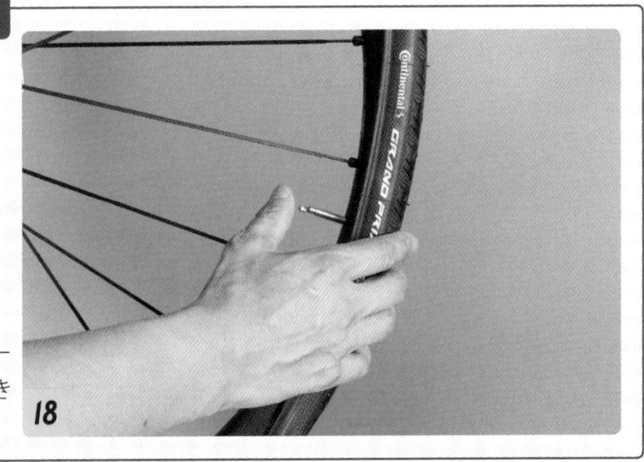

タイヤをセットしたら、チューブに入れた空気を一度抜きます

ビードとリムの間にチューブが挟まっていないか、このようにタイヤをめくって全周確認します

バルブを押し込むことで、バルブ部のチューブの挟み込みを解消することができます

押し込んだバルブは、引き出しておきます

バルブナットを締めて、バルブをリムに固定します

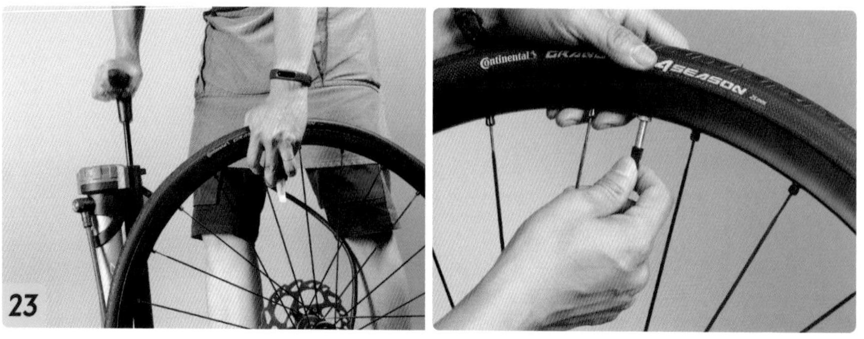

チューブに規定の空気圧まで空気を入れます。空気を入れたらバルブを締め、バルブキャップをセットします

ブレーキキャリパーとローターの清掃

ディスクブレーキに使用されているブレーキキャリパーは、内部に汚れが溜まるので定期的に清掃が必要です。ブレーキをかけるとブレーキパッドが削れて、内部やピストンにいわゆるブレーキダストが付着します。また、ディスクローターやパッドに油分が付着するとブレーキの利きが悪くなったり、最悪の場合まったく利かなくなるなるので注意しましょう。

ブレーキキャリパーの清掃

パッド軸の先端にセットされている、スナップリテーナーを外します

パッド軸をアーレンキーで緩めて引き抜きます。これでブレーキパッドを外すことができます

ブレーキパッドは2枚あり、その間にスプリング（板バネ）が挟まれる形でセットされています。パッドは摩擦材（ディスクローターと接する部分）の厚みが0.5mm以下になったら交換が必要です

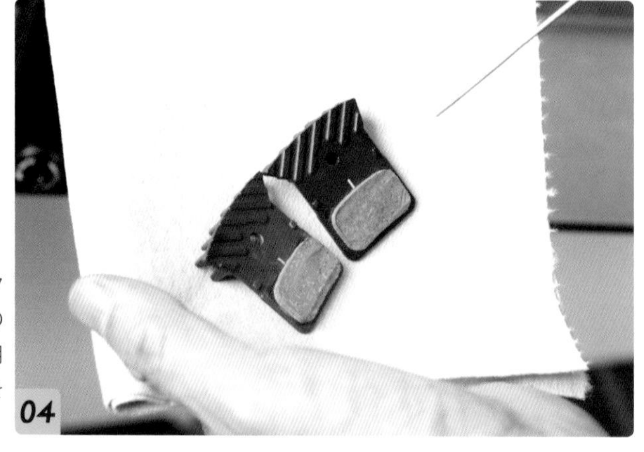

ブレーキパッドはディスクブレーキクリーナーなどの名称で販売されている、専用クリーナーで汚れや油分を落とします

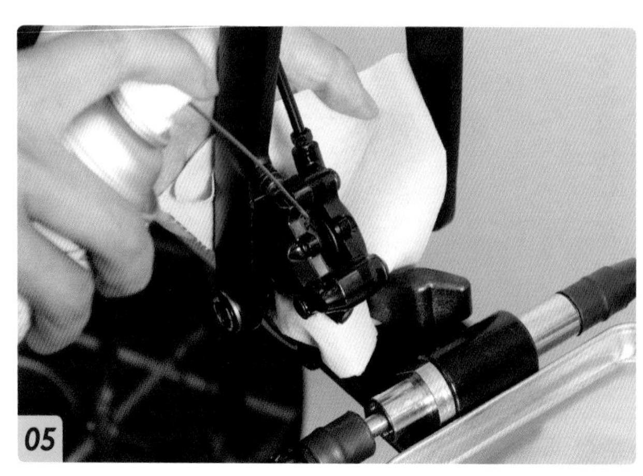

ブレーキキャリパーの内部も、ディスクブレーキクリーナーを吹き付けて汚れを落とします。汚れがこびりついている場合は、歯ブラシなどを使って磨きます

ディスクブレーキクリーナーで洗浄したら、可動部にフッ素オイルを塗布します

フッ素オイルはピストンの側面など、摺動部に塗布します。ブレーキパッドの摩擦材には、絶対に付着させないようにします

POINT

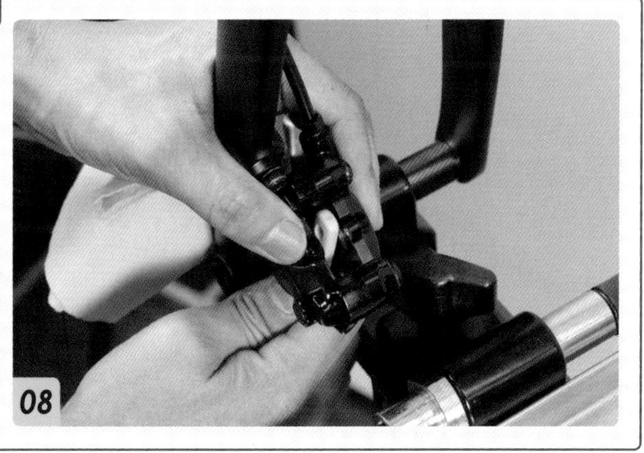

ブレーキパッドをセットする前に、ピストンを押し戻します。特に摩耗したパッドから新品のパッドに交換する場合は、ピストンが出ているとパッドがセットできません

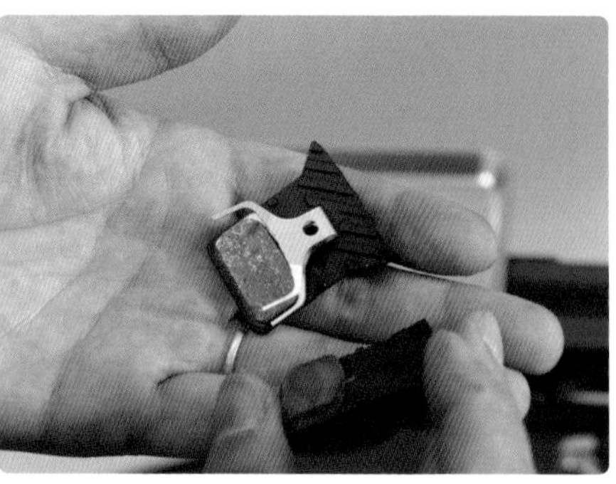

ブレーキパッドには左右があり、Rが右、Lが左になります。パッドの向きを確認したら、間にスプリングを挟んで摩擦材面で合わせます

2枚のブレーキパッドでスプリングを挟んだ状態で、ブレーキキャリパーにセットします

ブレーキパッドをキャリパーにセットしたら、パッドとキャリパーの穴位置を合わせてパッド軸をセットし、アーレンキーで締めて固定します

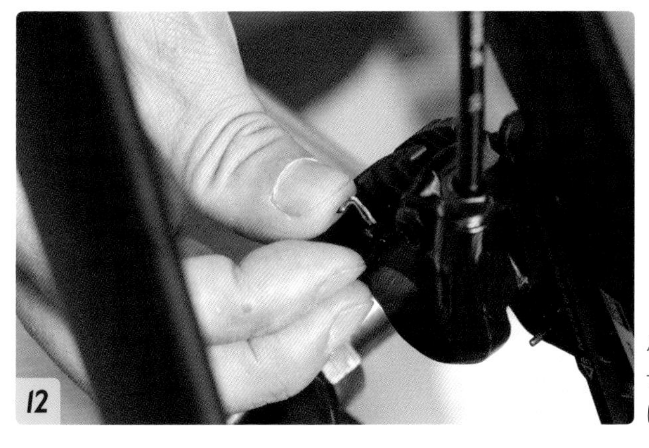

パッド軸を固定したら、スナップリテーナーを先端部に取り付けます

ディスクローターの清掃

ディスクローターは、ウエスにディスクブレーキクリーナーを含ませて拭きます。ローターは金属製ですが、絶対に潤滑スプレーなどの油は使用しないでください

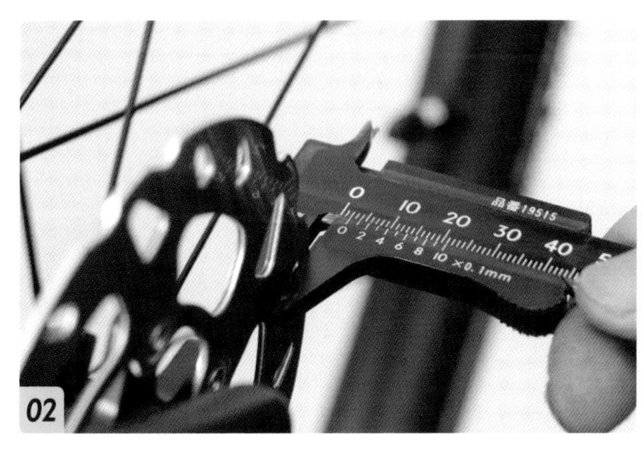

ディスクローターの厚みを確認します。シマノのディスクローターは、厚みが1.5mm以下になったら交換です

チェーンのメンテナンス

チェーンは走行すれば汚れますが、これはチェーンの潤滑のためのチェーンオイルに汚れが付着するためです。チェーンオイルを多く付けすぎても汚れが酷くなるだけなので、塗布後は軽くウエスで拭っておくようにします。また、走行距離が伸びれば、チェーンも伸びてきます。このチェーンの伸びは、チェーンチェッカーを使用することで確認することができます。

注油

01

汚れは中性洗剤や専用クリーナーで落とします。チェーンオイルはリンク部分一箇所ずつに、丁寧に注していきます

02

チェーンに注油したら、全体をウエスで軽く拭き、余分なチェーンオイルを拭き取っておくようにします

伸びの確認

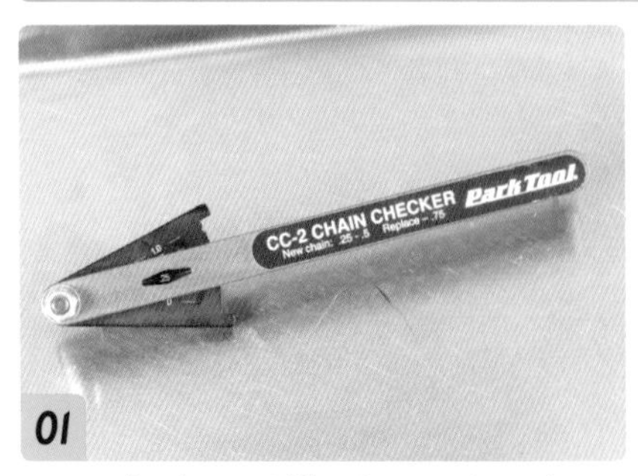

01

パークツール製のチェーンチェッカーです。チェーンにセットし、先端の部分を合わせることで窓に伸びが%で表示されます

02

窓の部分に「.75」と表示されると、それはチェーンが0.75%伸びているということです。0.75%以上で交換が推奨されます

レバーの調整

デュアルコントロールレバーは、握り幅（ハンドルバーとレバーの距離）と、フリーストローク（ブレーキパッドとディスクブレーキローターが接触するまでのブレーキレバーの可動域）を調整することができます。握り幅は乗る人の手の大きさ（指の長さ）に合わせて調整し、フリーストロークはレバーを握ってからブレーキが利くまでのタイミングを変えたい場合に調整します。

握り幅の調整

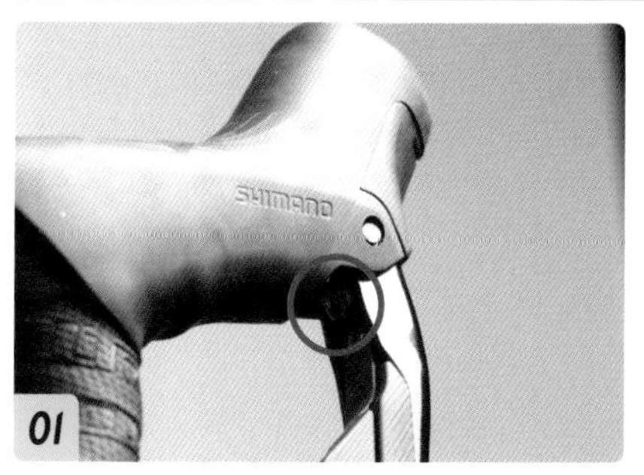

レバーの握り幅は、レバー裏側にある2本のボルトのうち、上側にある握り幅調整ボルトを回すことで調整できます

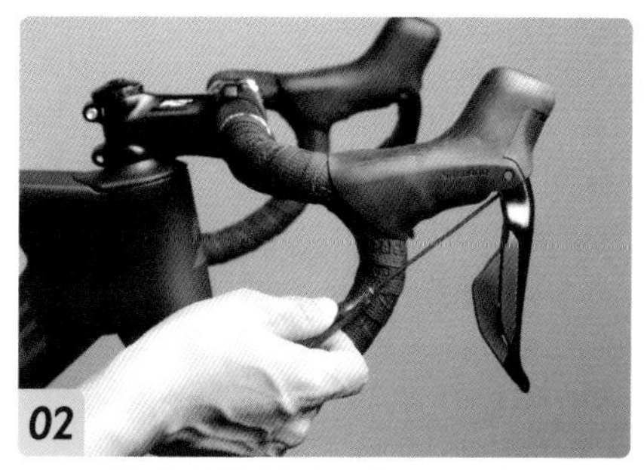

握り幅調整ボルトを締めるとブレーキレバーとハンドルバーの間の距離が広くなり、緩めると狭くなります

フリーストロークの調整

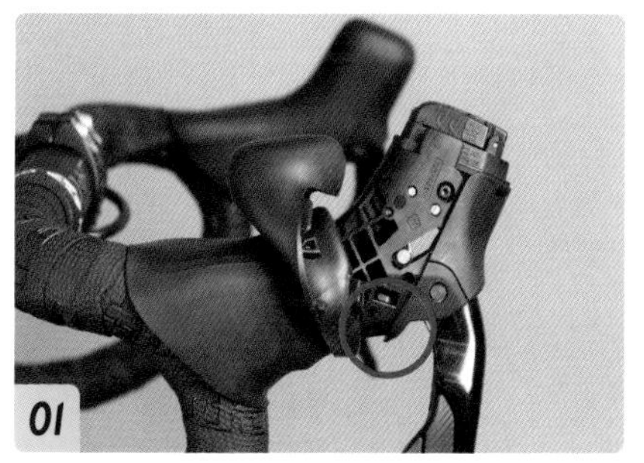

ブラケットカバーを前側からめくり、下側にあるフリーストローク調整ねじを露出させます

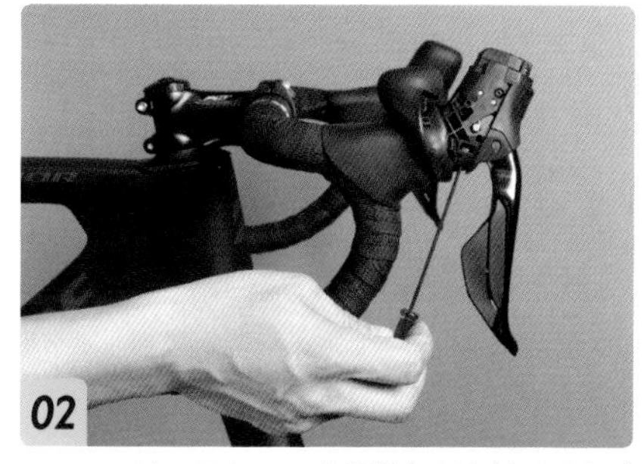

フリーストローク調整ねじを締めるとブレーキレバーの可動域が狭くなり、緩めると広くなります

ブレーキのエア抜き

組み込みの項目でレバー周りのエア抜きを紹介しましたが、ここではキャリパー側やホース内にエアが溜まった場合のエア抜きの方法を紹介します。また、このエア抜き作業を繰り返せば、そのままブレーキオイルの交換方法となります。

レバー側にじょうごを取り付け（p.59～参照）、ブレーキオイルを入れます

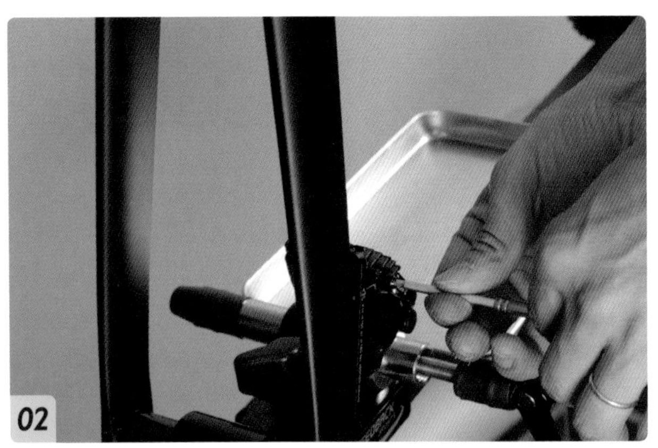

ブレーキパッドを取り外し、ブリーディングスペーサーをセットします（p.50～参照）

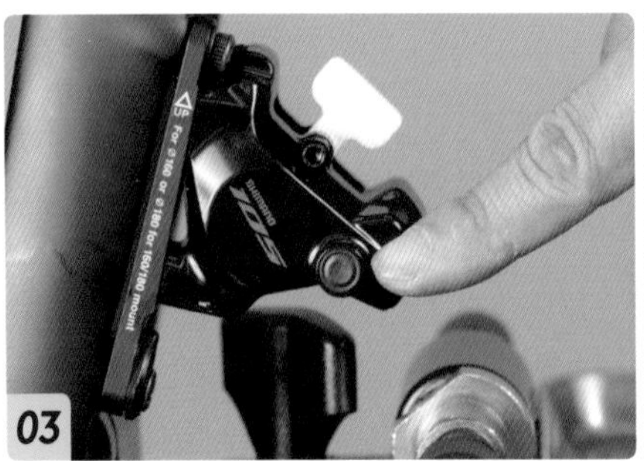

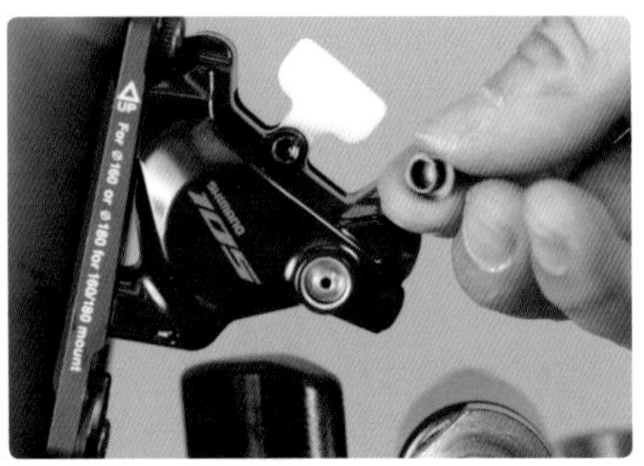
ブレーキキャリパーの側面にある、ブリードニップルのカバーを外します。このカバーは嵌め込まれているだけなので、つまんで引っ張るだけで外すことができます

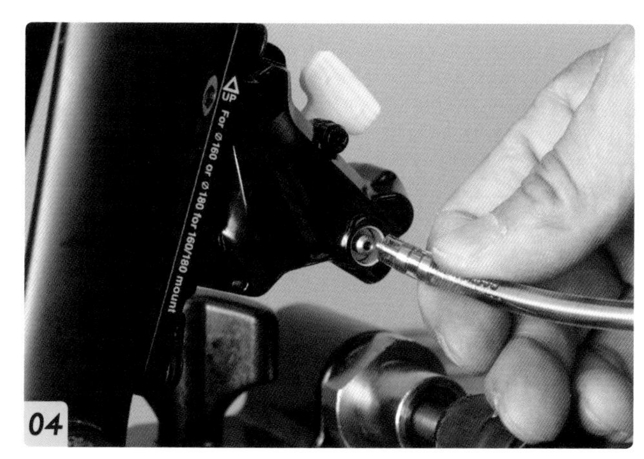

ブリードニップルに、専用注射器のホースをつなぎます

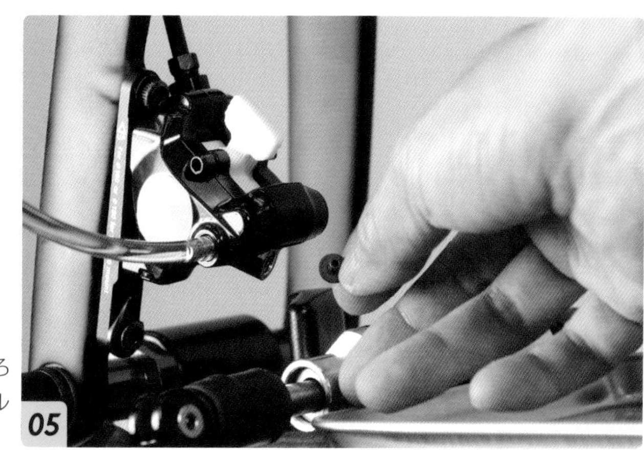

ブレーキキャリパーの後ろ側にある、バルブの開閉ボルトのカバーを外します

バルブの開閉ボルトにアーレンキーをセットし、緩めてバルブを開きます

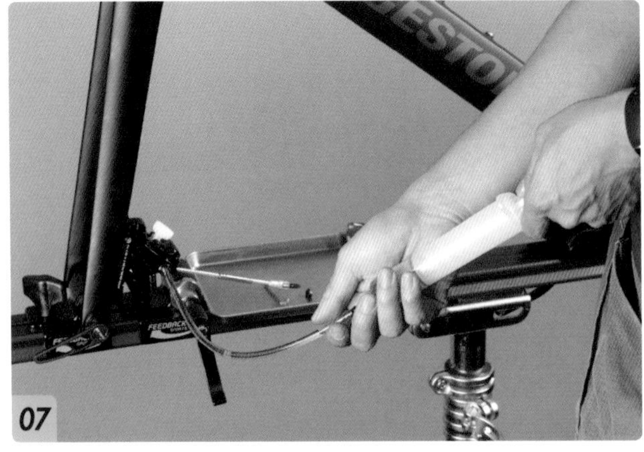

バルブを開いたらプランジャーを引いて、オイルを抜きます。オイルと一緒に、エアが抜けます。じょうごの中のオイルを切らさないように注意しましょう（切れそうになったら、適宜補充します）

オイル内にエアが確認できなくなったら、バルブを締め、カバーを取り付けます

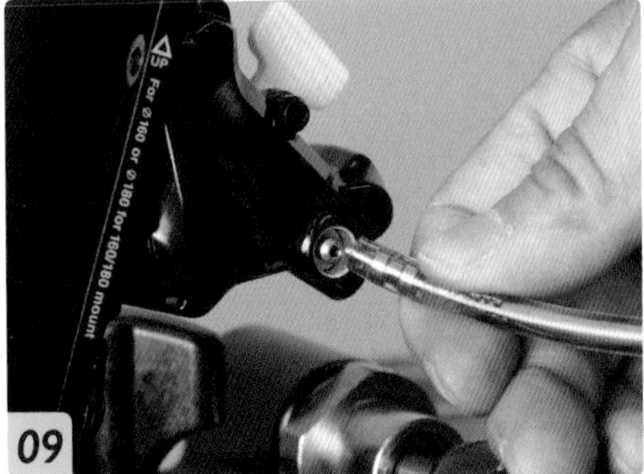

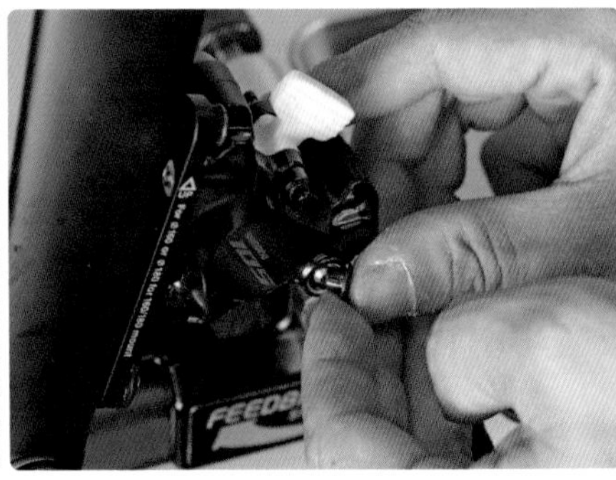

ブリードバルブにつないでいた注射器のホースを外し、カバーを取り付けます。レバー側に取り付けたじょうごを外し、ブレーキパッドを取り付けます

スプロケットの脱着

Di2の12速で使用できるスプロケットの歯数は、11-30T、11-34T、11-36Tの3種類があります。走行条件に合わせてスプロケットを交換することで、ギア比の変更をすることができます。スプロケットのロックリングを緩める時は、大きな力がかかるので作業に注意しましょう。

01

スプロケットリムーバーのチェーンを、スプロケットの真ん中あたりのギアにセットします

02

チェーンをギアに巻き付け、しっかりとロックします

03

ロックリング工具をセットし、工具を押し下げるとロックリングが緩みます。強い力で締め付けられているので、緩んだ瞬間に一気に工具が下がります。工具をしっかり保持し、怪我などにも注意します

ロックリングが緩んだら手で回して外し、12速（最小）ギアと共に外します

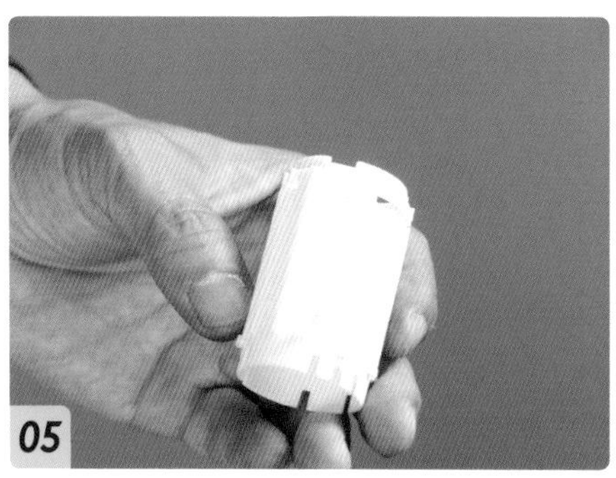

スプロケットを外す際は、バラバラにならないようにホルダーを使用するのがおすすめです。まず、ホルダーをフリーハブボディの先に合わせます

ホルダーをセットしたら、スプロケットをそのまま外側に押し出します。こうすることで外した1～11速までのギアを、そのまま保管することができます

スプロケットをフリーハブボディにセットします（p.76～参照）。12速ギアを忘れないように注意しましょう

12速ギアをセットしたら、ロックリングを手で回せる所まで締め込みます。ロックリングを斜めに締め込まないように注意します

ロックリング工具をセットして、ロックリングを30-50N・mで締め込みます

ペダルの脱着

ペダルは直接力を加えるパーツなので、きちんと取り付けておく必要があります。ペダルの取り付け部のネジは固着しやすいので、グリスをしっかり塗っておきましょう。また、左側は逆ネジになっているので、特に外す時は力をかける方向を間違えないように注意が必要です。

ペダルはクランクアームの先端部にねじ込まれています

ペダルねじ込み部の先端には六角穴があるので、アーレンキーをセットして回します。また、外側は六角になっているので、そこにレンチをかけても作業できます。いずれも、大きな力がかけられる物を使用します

ペダルが外れた状態です。左も同様に作業しますが、左側のペダルは逆ネジ（左に回すと締まる）になっているので注意しましょう

POINT

ペダルのネジ部は固着することがあるので、グリスをしっかり塗っておきます。古いグリスが残っている場合は、拭き取ってから新しいグリスを塗ります

04

05

ペダルを固定し、アーレンキーでネジ部を回してペダルを取り付けます。最終的な締め付けトルクは、35-55N・mに指定されています

06

左も同様に作業します。外した時と同様に、逆ネジになっているので注意しましょう

SHOP INFORMATION

プロショップ ウーノ

本書の監修をいただいたプロショップ ウーノは、横須賀を代表するロードバイクショップとして30年以上の歴史があります。2021年より宮崎氏による新体制となりました。

プロショップ ウーノは京浜急行線の北久里浜駅から約5分の、国道134号沿いにあります。30年以上前からLOOKの専門店として知られていましたが、2021年に元プロロードレーサー宮崎景涼氏が運営を引き継ぎ、現在はLOOKとブリヂストン アンカーを主に扱っています。

プロショップ ウーノ

神奈川県横須賀市根岸町3-1-5 シーアイマンション1F
営業時間：10:00～19:00
定休日：水曜日・木曜日　その他はHPに掲載
TEL：046-833-0067／FAX：046-835-1665
https://www.synergy-planning.com/cycleshopuno-home
Email：unouno@dream.com

LOOKとアンカーをメインに、広い店内にはバイクやパーツが並びます。バイクの購入からメンテナンスなど、ロードバイクに関するあらゆる相談を気軽にできるリラックスしたムードが魅力です

Keisuke Miyazaki

宮崎景涼氏

プロショップ ウーノでロードバイクを学び、2021年にウーノの運営を引き継ぐ。元ブリヂストンアンカーのプロロードレーサーであり、現在はブリヂストンサイクリングチームの監督を務める。

代表の宮崎氏は自身が元プロロードレーサーであり、現役のプロチーム監督であるため、世界中のあらゆるロードバイク情報に精通しています。セッティングからメンテナンスまで幅広い知識を持ち、乗り手ひとりひとりに最適な機材やアドバイスを与えてくれます。

宮崎氏は非常にフランクな人柄で、ショップも明るく初めてロードバイクに乗るという人にもおすすめできます。ただし、監督業とショップ運営の二足の草鞋を履いているため、ショップの営業日はホームページで確認してください。

ロードバイクメンテナンスブック
SHIMANO シマノ Di2
12速／ディスクブレーキ編
ROAD BIKE MAINTENANCE BOOK SHIMANO Di2 12SPEED/DISC BRAKE

2023年10月20日 発行

STAFF

PUBLISHER
高橋清子 Kiyoko Takahashi

SUPERVISOR
宮崎景涼（プロショップ ウーノ） Keisuke Miyazaki (Proshop UNO)

EDITOR
後藤秀之 Hideyuki Goto
行木 誠 Makoto Nameki

DESIGNER
小島進也 Shinya Kojima

PHOTOGRAPHER
梶原 崇（スタジオ カジー フォトグラフィー）
Takashi Kajiwara (Studio Kazy Photography)

ADVERTISING STAFF
西下聡一郎 Soichiro Nishishita

PRINTING
中央精版印刷株式会社

PLANNING,EDITORIAL & PUBLISHING
（株）スタジオ タック クリエイティブ
〒151-0051 東京都渋谷区千駄ヶ谷3-23-10 若松ビル2F
STUDIO TAC CREATIVE CO.,LTD.
2F,3-23-10,SENDAGAYA SHIBUYA-KU,TOKYO 151-0051 JAPAN
[企画・編集・広告進行]
Telephone 03-5474-6200 Facsimile 03-5474-6202
[販売・営業]
Telephone & Facsimile 03-5474-6213
URL http://www.studio-tac.jp
E-mail stc@fd5.so-net.ne.jp

STUDIO TAC CREATIVE
㈱スタジオ タック クリエイティブ

ISBN978-4-88393-995-4

2310A